半个多世纪的学习探索，三个维度的思想启迪

建筑三观

关于建筑的本体论·认识论·实践论

张钦楠 著

机械工业出版社
CHINA MACHINE PRESS

本书是作者半个多世纪在建筑界学习和工作的总结性体会，包括建筑理论和实践两方面。在理论方面，他体会建筑理论是建筑师创作和公众阅读建筑的理论综合，提出了“三层次、三传统、一核心”的主张；在实践方面，他支持学界对中国长期以来对建筑“见物不见人”偏差的批评，主张为众多中国古代建筑师“正名”，并为众多中国现代建筑师营造一个健康的职业环境。本书适合城市与建筑的管理者、设计者、建设者阅读，也适合喜欢建筑艺术、关注城市文化和建筑业发展的广大读者阅读。

图书在版编目（CIP）数据

建筑三观：关于建筑的本体论、认识论、实践论 / 张钦楠著. —北京：机械工业出版社，2018. 10
ISBN 978-7-111-61620-7

Ⅰ. ①建… Ⅱ. ①张… Ⅲ. ①建筑艺术 – 建筑理论 – 研究 Ⅳ. ①TU-80

中国版本图书馆CIP数据核字（2018）第295252号

机械工业出版社（北京市百万庄大街22号　邮政编码100037）
策划编辑：赵　荣　张维欣　责任编辑：赵　荣　张大勇
版式设计：鞠　杨　责任校对：张　征
封面设计：鞠　杨　责任印制：孙　炜
北京联兴盛业印刷股份有限公司印刷
2019年2月第1版第1次印刷
148mm × 210mm · 10.25印张 · 264千字
标准书号：ISBN 978-7-111-61620-7
定价：69.00元
凡购本书，如有缺页、倒页、脱页，由本社发行部调换

电话服务	网络服务
服务咨询热线：010-88361066	机 工 官 网：www.cmpbook.com
读者购书热线：010-68326294	机 工 官 博：weibo.com/cmp1952
010-88379203	金 书 网：www.golden-book.com
封面无防伪标均为盗版	教育服务网：www.cmpedu.com

序

在阅读和思考中成长

《建筑三观》的作者张钦楠先生是我国有代表性的建筑科学研究学者。作者在该书中对建筑活动的核心——建筑创作进行了深刻的评析和解读，展示了作者阅读城市与建筑的丰富经验与心得。该书对我国古代建筑的发掘、梳理有独到的学术观点，即我国有丰富的建筑创作传统，有皇家建筑、民间建筑、文人建筑等多姿多彩的建筑瑰宝。今人的建筑创作要以前人的传统建筑为基础和出发点。

阅读此书会提升我们对于建筑师职业行为和作用的科学认知，使广大建筑师扩大视野，走出以往在建筑活动中见物不见人更不见思想的误区。本书内容显示了作者在建筑理论方面的非凡功力。书中闪耀着灵感与智慧的文字和插图，无论同行朋友或者热爱建筑文化的读者们看后，都会感到受益良多。

张钦楠先生原是一位杰出的结构工程师。

1951年他从美国麻省理工学院毕业后一直在我国建筑界工作。

1982年他已是城乡建设环境保护部设计局局长，上下班经常和我们同乘一辆班车，我在班车上常见他手不释卷地认真阅读，他惜时如金的身影给我留下了极深刻的印象。

后来在工作中有幸逐渐走近张钦楠先生，熟悉张钦楠先生，他读书破万卷下笔如有神的境界令我十分神往。

1978年后，张钦楠先生主持引进了国外许多的当代建筑理论、当代建筑设计方法、以及注册建筑师制度，邀请世界建筑大师来我国讲学、展示优秀的建筑艺术作品，为我国建筑行业的改革开放做出重要贡献。

即将米寿之年的张钦楠先生，对建筑科学仍有如此锲而不舍的探索精神，源源不断地有建筑理论大作问世，令人尊敬，令人佩服！

特别令人欣慰的是，张钦楠先生论述建筑的书，多次再版，并且受到了建筑界内外读者的欢迎和推崇，感动着吸引着众多建筑事业后继者们作为生力军加入发展我国建筑科学文化艺术的队伍！

顾孟潮 2018年8月24日恭草于陋室

前言

“昨晚，我梦见自己又回到了蒙德莱……（蒙德莱已没有了）”。这是英国畅销小说《蝴蝶梦》的第一句话。我少年时第一次读它以后就再也没有忘记。多少个晚上，我梦见回到了自己的“蒙德莱”——我上海老家那吱吱响的木楼梯、冷冰冰的石台阶、密闭的钢窗、沉睡的红瓦屋顶，不断地回归……近几十年来， 我又不断回归到两处我的“蒙德莱”：一处是城外（北京？加德满都？）一条旧街，路边有一座藏式的废弃宫殿，我从来没有进去过，因为我急于找到进城的车站，它就在附近，但我永远找不到它；另一处是近代的砖混住宅楼，一字排开，中间一条走廊，两侧是鸽子笼式的居室，我的朋友就住在走廊的末端，但我永远走不到那里。

我是学土木工程的，那时在哈佛的杨式德学长对我说：“我们学土木的，就是土里土气、木头木脑的”。确是如此，每当我看到一栋新建筑时，就会用几何学去套。这是白天，到了晚上，它就以一种幻觉进入我的梦境，使我想入非非。建筑对我是现实的，也是神秘的。虽然我在建筑设计院工作了近30年，我从事的仍然是土里土气的结构设计或建材设计，但是当我被提升为“主管生产”的室主任和副院长后，每当需要为一个民用项目组织设计团队时，我总要选择一位建筑师来主持，让他像乐队指挥那样协调团队的工作。

没有想到，在1980年我将近50岁时，上级把我从设计院调到中央机关，“主管”建筑设计，并且有机会和国外的建筑师结交。清华大学的汪坦教授知道我是留学美国的，给了我翻译《人文主义建筑学》的任务，我发现作者也和我一样，不是建筑学“科班”出身的，却大言不惭地评论起建筑来。接着我又在澳大利亚一个会上认识了美国哥伦比亚大学的K.弗兰姆普敦教授，听说他写了一本很畅销但又很难懂的现代建筑史方面的书。我就兴起地买了一本第二版的，回国后找了几位同仁分章翻译，用“原山”（我小名元三）的笔名出版（中译名《现代建筑——一部批判的历史》）。有人打听“原山”是谁，发现原来是“木头木脑”的我。我从此不可收拾，原套班子先后翻译了这本书的第三、四版，乃至若干年后，弗兰姆普敦称我是把他“引进中国的人”，而我称他是把我“引进建筑迷宫的人”。

我开始学习建筑学，但本性难改，首先看的是诺贝尔经济奖获得者H.西蒙写的《人工科学》。他是以逻辑解题的方式来设计所有“人工物”（当然包括建筑）的，十几年后，我也按照他的方式，把自己学的“建筑学理论”归纳为“三层次、三传统、一核心”。本书就是我那“木头木脑”领悟出来的学习笔记。

所谓“三层次”就是建筑有三个功能层次，第一个是在农业社会，盖房子是为了避风挡雨，建筑是个“掩蔽物”，解题就是求安全。杜甫说“风雨不动安如山”，即当时的最高理想。第二个层次是在工业社会，盖房子还要讲效益，对投资者来说解题就是怎么盈利。第三个层次是现在正在进入的信息社会，解题就是要使建筑体现文化价值。我国正处于从工业社会向信息社会转型的时期，建筑也存在“不平衡，不充分”的问题，建筑效益不平衡，有好有次；建筑文化不充分，做出来的设计文化内涵还不够丰富。

怎样提高建筑的文化内涵和精神价值呢？我的理解是逃不了传统：中

国的和外国的传统都要批判地吸收，才能创造我们时代的新传统。我分析中国的建筑传统，提出三传统的概念：一是皇家建筑，解题是显示豪华、显示权威；二是民居，解题是与自然结合，显示自然美；三是文人建筑，解题是创造意境。我认为这种文人建筑，是我国建筑文化的精华。在本书中我举了三个例子：北魏谢灵运《山居赋》中的始宁墅、唐代王维的辋川别业 、北宋司马光的独乐园（本来想写一本讲十个古代文人的建筑，力不从心了）。我认为这是我国建筑文化传统的精华。虽然原物不存，却有诗词绘画相继，哪个国家有此种传统？

有了三层次的课题，有了三传统的引路，我们现在建筑创作的课题核心就是：用贫资源创造高文明。我们与世界各国的竞争，不在于显耀豪华，不在于奇形怪状，就在于能否用贫资源创造出高文明。这是我们立足于世界建筑之林的核心课题。

以上说的是创作理论，是写给建筑师看的。另外我体会还需要有阅读理论，是写给公众看的。两者相辅相成，才形成整个的建筑理论。就像写小说的，总希望自己的作品有人读，于是就有些评论家，专门写书指导读者如何去阅读和欣赏文艺作品。其实城市和建筑也是应当有一套理论讲如何去阅读和欣赏它们的。我没有那个水平，只能介绍一下我是如何阅读城市和建筑的，供大家参考。本书的第二卷就是讲这个的，只是讲自己的阅读方法加一些实例，其中稍带一些对理论问题的理解，希望将来有人专门从理论高度来讲这个主题。

创作也好，阅读也好，关键人物是建筑师。可惜，正如顾孟潮先生所说的：我们是“见物不见人”。中国几千年来有那么多优秀建筑，却不见建筑师其人。固然“建筑师”（architect）是外来名字，但却是客观的存在。一栋建筑，总要有创意、设计和营造的人，不可能从天上掉下来。用现在的标准：创意和设计者就是建筑师，施工者是营造师。我国过去有“匠人”，有“将作大臣”，但不能就与“建筑师”画等号。但我们可以追溯到一个项目的创意及设计者，“追认”其为建筑师。否则今天的建筑师就成为无祖无宗的“外星来人”了。而且，从分析一栋古建筑来说，应当了解其创意和设计者的理念和创作意图，否则这栋建筑物也成为没有灵魂的怪物了。因此我认为应当给我国的古代建筑师予以“追认”“正名”。

建筑师是一个崇高的职业，需要有一套职业制度，包括其教育、实践以及职业道德的要求。遗憾的是，现在我国虽建立了注册建筑师制度，但从职业建设来说，还很欠缺，例如：迄今为止，还没有一个符合我国条件的建筑师职业道德规范，乃至弊病丛生。

以上是我自1980年以来学习建筑学知识的一些浅薄体会。感谢机械工业出版社的赵荣（她十几年前出版过我的《特色取胜》一书）和张维欣编辑，帮助我把自己的学习体会梳成条理，希望大家批评指正。

张钦楠　2018年3月（87岁）

目录

我如何阅读城市与建筑

对建筑阅读理论的一些理解

“建筑三观”的十个要点

从哲学本体论来确认“建筑（设计）是个解题过程”。只有这样才能与当前全球性的对（自然与人工）智能的探索接轨。

建筑设计要解的题主要有三个层次：安全、效益和文化。

我国的现代建筑创作虽然已取得巨大成就，但是还处于“不平衡、不充分”的状态，具体来说：安全大体上能保证，效益与国际先进水平差距还较大（不平衡），文化还有待深化（不充分）。

大数据的确立需要以小数据为基础。我们应当以BIM(建筑信息模型)为基础，建立全国（至少是典型）建筑“全寿命费用“的效益档案。

建筑文化创作离不开传统。应当确认中国建筑有三大传统（皇家建筑传统、民间建筑传统、文人建筑传统）。其中皇家建筑传统树立雄伟感与高技术，民间建筑传统树立自然感与生态性，而文人建筑传统则树立建筑物的文化意境，是我们当前的薄弱环节。

建筑创作需要有全社会的阅读能力为支撑。创作与阅读的结合构成了社会的文化水准。我们需要以哲学上的认识论来培育社会对城市与建筑的阅读水平（不要把高楼林立视为“现代化”的体现）。

正如创作需要有理论基础一样，对城市与建筑的阅读也需要有方法论的培育。

哲学的实践论告诉我们：建筑是人创造的，在其创造者的队伍中，建筑师起了关键的作用。但遗憾的是我国长期存在“见物不见人“的缺陷，轻视或抹杀建筑师的作用，需要纠正与补课。

建筑师是专业人才，又是职业人士。市场需要有健全的竞争制度，因此需要有一个良好的职业环境，包括建筑师的学校培育、终身教育、权益保障、合理竞争、职业道德修养、国际合作等。

建筑师需要有一个把学术和职业建设紧密结合的自治组织，取得国际公认的地位。

我的建筑观

对建筑创作理论的一些理解

01 学习过程

我在大学是学土木工程的，1951年本科毕业后回国，1952—1980年先后在上海、西安、重庆等地的国营建筑设计院工作，从技术员开始到副院长。

我国的建筑设计院都是综合的（有建筑、结构、设备等专业），就像一个交响乐团，我理解这个乐团需要有指挥，而这个指挥应当由建筑师承担，可惜当时许多学校培养的建筑师对此缺乏应有的能力，而安于对建筑做“穿衣戴帽”的工作。

1980年我被调到城乡建设环境保护部工作，开始担任技术处处长，后来机构名称和组织多次变动，我一直在设计局，从处长逐步提升为副局长、局长。那时我开始感到需要学习一些建筑学和设计方法学的理论知识。

我最早阅读的书是美国H.西蒙（他曾荣获诺贝尔经济学奖）的《人工科学》，他把人造物（建筑即是一种“人造物”）的设计理解为一种解题/决策过程。认为首先要确定题目的性质。

他把题目分为很多类，主要是确定性和非确定性两大类。我的体会是结构设计属于确定性（唯一优化解）的，而建筑设计则属于非确定性（多个可能解），前者用计算型方法，后者则要用诱导性（heuristic)方法。

我把这个认识用到建筑设计，写了一本《建筑设计方法学》的读书心得。其后我和一些同业联合翻译了美国K. 弗兰姆普敦的《现代建筑——一部批判的历史》一书，并应清华大学汪坦教授的委托，翻译了《人文主义建筑学》一书，从此开始了自己学习建筑学的过程。

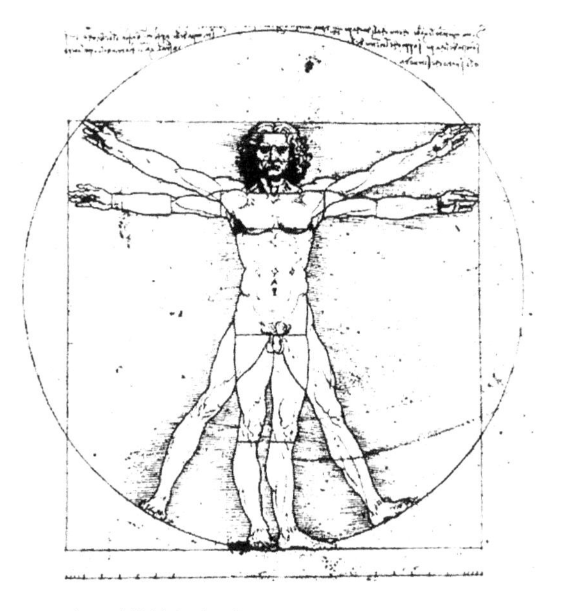

名画《维特鲁威人》

02 建筑是什么

我根据西蒙的解题理论，就“建筑设计”这个“题”进行了分析，认为建筑有三个功能层次，也就是说要先后解决三个“题”：掩蔽物（shelter）—产品（product)—文化（culture)三个层次的任务。

“掩蔽物” 是从远古时代开始的，要求建筑能避风挡雨，也就是杜甫所说的“风雨不动安如山”，以“安全”作为本层次的目标。它是农业社会对建筑物的功能要求。现在仍是我们设计的基础目标，但“安全”的概念不断在扩大和提高。

“产品” 是人类进入工业社会后对建筑物的主要要求，也就是建筑不仅应当满足安全要求，还要做到经济合理，创造效益。我在本书中提出了三大效益：经济效益、社会效益和环境效益（后来又增添了资源效益）。有一段时间，我在设计局致力于推行建筑节能，就是从这个认识出发的。

“文化”是人类社会不断发展而提出的新的要求，在当前的“后工业社会”（或称“信息社会”）中，建筑物除了满足物质功能的要求外，还必须满足人们的精神需求。

其实，这三个层次的要求始终是关联的，即使是原始人，也有对美的要求，而建筑物的安全也始终是我们解题的基础任务（扩大到防火、防震、防污染……）

但在历史的演变中，每个时期都有自己的突出要求。

就我国来说，现在处于从工业社会推进到信息社会的过渡阶段，第二层次的任务还远未完成，我国虽然在国内生产总值上达到“世界第二大经济体”的地位，但人均生产总值还比较低，提出高质量、高效益的要求是完全必要的。

a）原始巢居　b）橧巢　c）干栏

从巢居到干栏

山西窑洞:建筑是为了提供安全与掩蔽，但有其自身的美

“极简主义”是一种美学

网络文化的象征——北京“鸟巢”

03 建筑设计的方法学

1951年我从美国麻省理工学院的土木工程系本科毕业后，旋即回国。此后有大约30年的时间，与母校（母系）脱离了接触，直到20世纪80年代我国实行改革开放，加上我的工作变动，与母校又重新建立了交往关系。

这时，土木系的一位系刊编辑，经常给我寄系刊，使我了解了土木工程学的一些发展动态。有一期，刊登了该系新聘任的一位年轻教授：J. 威廉斯对设计方法学的研究动态，引起我很大兴趣。

我发现，威廉斯把西蒙在《人工科学》一书中提出的“解题理论”运用到土木工程设计上。他提出一个合理化设计的四阶段过程，即：

1）对问题下定义，简称“定题”。

2）构思方案，简称“构思”或“创意”。用威廉斯的话“放射天才的闪光”。

3）通过分析选择最优方案，简称“选型”。

4）实现方案，简称“成型”。

威廉斯特别强调：要把前两步作为重点，克服当今人们把过多精力放在后两个阶段的偏向。

我对威廉斯的观点很感兴趣，于是向我的朋友了解他的著作情况，回答是尚无有关出版物。我就只能吸取系刊中介绍的他的基本思想，自己思考如何找到一种合理的建筑设计程序。

我仍然依据西蒙/威廉斯的“解题”理论，把建筑设计视为一个“解题过程”。就公共民用建筑而言，根据国家“适用、经济、美观”的方针，以及建筑物的三个功能层次，我们面临的课题是：

安全+效益+文化

安全：是指建筑物要满足设计规范所规定的各种安全指标。

效益：包括经济、社会、环境和资源效益。国家应当对这几大效益提出评价指标体系。例如：经济效益，应当以达到同类型建筑的优化后全寿命费用为目的（营利性项目要能实现合理利润）；社会效益，也应当有一些合理的评价指标，例如增加就业、改善平等机会、关怀妇幼、老残无障碍等；环境效益（绿色），需要对各种污染物提出排放限制等。

众所周知，美国由绿色建筑协会于2003年开始制定和推行的一种对绿色建筑评价的LEED体系（Leadership in Energy and Environmental Design），可以对新建商业建设、现有建筑营运、商业室内、住宅、社区邻里开发、学校、医卫等项目的设计进行评估，给予几种级别的认证证书。很受一些建筑师、开发商的欢迎，并在美国部分州和其他一些国家已被列为法定强制。

文化：包括建筑艺术，是难以用数字指标评估的，但人们也可以通过建筑评论及评奖等活动对建筑的文化价值评定达到一定的共识。

应当说，对于有经验的建筑师来说，这些课题要求在他们脑中早已扎根，于是当他们承担某一建筑项目的设计时，已经意识到自己要面临的多项具体课题，以致可以经过创意和构思，提出解题方案。

现在，除了靠自己的“天才闪光”之外，计算机已成为一种强大的辅助手段。人们可以通过参数设计法等让计算机根据设计师提出的要求，自动生成多种造型方案，也可以通过一些计算机优化设计程序，对一些复杂的结构及气候问题，提出合理乃至优化的方案。

由此可见，一项成功的设计，关键在于设计师能正确全面地理解自己面临的课题，然后才能选择相应的工具来取得解题的方案。

布正伟先生是我很赞赏的一位建筑师，多年来，他既专心于建筑创作实践，又刻苦地进行理论探索。我概括他的设计方法是：

理性＋个性＋情感

理性：他建立了自己的创作哲学理念，实际上，我体会：可以作为西蒙／威廉斯的“解题”基础。

个性：就是威廉斯所说的“放射天才的闪光”。理性没有个性的运用将是没有生命力的教条，个性没有理性的支持将是黑暗中的摸索。

情感：这是一种内在的驱动力，也是人类所独有的。计算机（人工智能）无论如何强大，也没有达到有思想和情感的程度。

建筑设计是合理化（理性化）和个性化的结合，因此所有有关建筑设计方法学的套路都应当“适可而止”，不然就会起约束作用。

美国洛杉矶迪斯尼音乐厅外观，建筑师用“非理性”的造型来提示音乐的神秘与美妙

04 效益——全寿命费用概念

在新中国建国初期，由于长年战争，国民经济处于非常困难的时期，需要节衣缩食，集中资源实现工业化。当时计划部门将民用建筑（包括住宅）定性为“非生产建筑”，实行低标准。这肯定是必要的，但是在执行中也有偏差，这就是过分强调节约造价，而忽视建成后的经常消耗（特别是能耗），以致在寒冷及严寒地区，片面减薄墙体厚度，减少钢窗用料，实行间隙供暖等，结果是东北有的地区冬天内墙结露、门窗普遍漏风严重，影响居民（特别是儿童）的健康。

1982年，国家能源委组织去日本进行节能技术考察，国家建工总局派我参加。我们看到日本在节能（包括建筑节能）上的成绩，体会到应当全面衡量建筑物在建造及使用期的能源总消耗，综合考虑制定节能措施。在国家能源委和计划委员会、经济委员会的支持下，我们组织建研院及有关院校，拟订了供暖地区的建筑节能标准（可节约30%的能耗），我国的建筑节能由此开始。

在这个过程中，我阅读了国外有关建筑效益的书刊，最大的体会是要树立建筑全寿命费用的概念，也就是要掌握一栋建筑物“生老病死”全过程的经济（特别是能源）消耗，考虑时间因素，以优化建筑物的经济效益。

一般来说，全寿命费用（Life-Cycle Cost，简称LCC）主要包括：

1）工程一次建设费用（造价）

2）使用期间运行费用（水、电、暖、空调、管理等）

3）维修费用

4）更换及改造费用

5）税款及其他

6）停止使用时的残值

美国把使用建筑物的人员工资也包括在内。有关资料介绍：公共民用建筑LCC的分摊一般为：

1）建筑造价占2%

2）维修、运行费占6%

3）工资费占92%

虽然没有细分资料，但可以肯定能耗所占比重要超过造价。

我学习后，给报刊写了些文章，主张我国应该建立全寿命费用的核算制度。但受到反对，有的专家也发表文章认为“不符合中国国情”。

事实上，当时的国家经济委员会也召集过有关部门研究如何进行全寿命费用的核算。这里有两个主要问题，一是物料价格不能全用市场价格，特别是我国的煤价很低，用它来计算，节能就全无需要了。对此，国际上有一种“影子价格”的概念，在核算中采用。例如煤的影子价格可取出口价格，意思是，你通过节能省煤，国家就可以多出口。二是如何考虑时间因素（今天的钱不等于明天的钱），对此，国家也可以确定一些核算用的利息。总的说来，要推行这种核算制度，在技术上应当是没有问题的。联合国工业发展组织（UNIDO）有一系列文件提出很明确细致的核算方法，可惜在国内却推行不了。

05 中国建筑的三大传统

如前所述，当今中国（以及世界）正在由工业社会迈进信息社会。

信息社会的特征就是文化的高度繁荣。

当然，信息社会的文化繁荣，既有物质文明的繁荣为基本条件，但也必然是从原有文化传统的基础上发展产生的。新文化不可能在一片荒地上产生，更不可能在一片废墟上产生。

2006年，中国香港建筑师学会授予我“名誉会员”的称号，并邀请我去做学术报告。我在报告中提出了中国建筑有三大传统：

皇家建筑传统

民间建筑传统

文人建筑传统

其中，文人建筑传统是我添加的，当今的文献中很少有人提及。美国建筑史学家Spiro Kostoff在他的《Architect（建筑师）》一书中提到英国有若干学者建筑师（scholar architect），但也只是寥寥几名，社会影响不大。

然而，我却认为文人建筑传统是中国建筑传统的精华。我将在本书中略加说明。

皇家建筑：唐含元殿复原图

民间建筑：江西婺源

文人建筑：王维《江干雪霁图》

○ 皇家建筑传统

中国的皇家建筑从秦始皇统一全国后，就逐渐走向规范化。它主要包括：

1）宫殿及其附属建筑：如北京紫禁城、国子监、雍和宫等。

2）祭祀建筑：如北京天坛、地坛、日坛、月坛、太庙等。

3）皇族休闲建筑与园林：如颐和园、圆明园、承德避暑山庄等。

4）少数民族及地方的政权建筑：如布达拉宫和各地方衙门等。

5）思想建筑：孔庙及各地文庙等。

6）御批的宗教建筑：如青海塔尔寺、西宁瞿昙寺、武当山道观、西安清真寺、解州关帝庙等。往往是皇帝派人去监造的，作为各地样板。

总之，在中央集权的专制社会中，以皇帝为中心的皇室政权建立了从政治到思想文化、宗教信仰等全覆盖的建筑体系，当然也包括皇族休闲、狩猎等设施。它集中了全国的技术创造和艺术创作的经验和人才，建立了一个等级森严的规范化系统。

在艺术上，它体现了一种高度的秩序美，给人以安定、平衡乃至“公正”的印象。在技术上，它通过各种营造法式，建立了一种科学、合理的构筑体系。这些，都掩盖了它“劳心者治人，劳力者治于人”的阶级社会本质。

然而，当今我们在一些纪念性和休闲性建筑中，仍然可以借用它的艺术手法和技术手段，为新时代服务。

宫殿建筑：北京紫禁城

祭祀建筑：北京天坛祈年殿

思想建筑：山东孔庙大成殿

休闲建筑：承德避暑山庄

宗教建筑：西宁瞿昙寺

宗教建筑：武当山金顶

民间建筑传统

中国的民间建筑传统，与皇家建筑大一统的规范化不同，它是千千万万民间匠人和百姓携手合作，本着当地当时的自然和社会条件，就地取材，因地制宜的创作，体现了一种自然美与和谐美。

这种极其丰富的美学手法和技术成就也不限于农村，在现代城市中，它也自然地在城镇中诞生，形成该地该时的“母体”（matrix）,与“地标”相互作用，构成了城镇的特色。

砖墙

廊桥

窑洞

民楼

蒙古包

贵州侗族村落

北京四合院垂花门

上海石库门里弄

○ 文人建筑传统

关于“中国古代文人建筑师简介”的主题，前人并无太多论著，在此就这个主题，介绍以下几位文人与他们的建筑作品：

1）魏晋陶渊明（约365—427）：安徽黟县守拙园。

2）南北朝谢灵运（385—433）：浙江始宁墅。

3）唐王维（699/701—761）：陕西蓝田辋川别业。

4）唐白居易（772—846）：庐山草堂、杭州西湖、洛阳履道里及池上家园。

5）北宋王禹偁（954—1001）：黄冈竹楼。

6）北宋苏轼（1037—1101）：徐州黄楼、杭州西湖、儋州朝云堂。

7）南宋朱熹（1130—1200）：江西九江白鹿洞书院。

8）南宋张栻（1133—1180）：湖南长沙岳麓书院。

9）明卢溶（1412—1480）：浙江东阳卢宅肃雍堂。

10）清陈宝箴（1831—1900）：湖南凤凰自宅。

碍于篇幅，不宜过长。以下是三则实例，或可作为文人建筑的代表。

唐 王维 辋川别业文杏馆

唐 白居易 洛阳履道里池上家园

明 卢溶 东阳卢宅肃雍堂（取自洪铁成《经典卢宅》）

实例❶ 怀才不遇寻山水，开拓诗境传千古——记谢灵运和他的始宁墅

谢灵运其人

谢灵运（385—433），原名公义，字灵运，南北朝时期杰出的诗人、文学家和建筑家。他出身陈郡谢氏，祖籍陈郡阳夏（今河南太康县），生于会稽始宁（今绍兴市嵊州市三界镇），为东晋名将谢玄之孙、秘书郎谢瑍之子，母为王羲之与郗璿的独女王孟姜的女儿刘氏。东晋时世袭为康乐公，世称谢康乐。刘宋代晋后，降封康乐侯，历任永嘉太守、秘书监、临川内史等职。元嘉十年（433年）被宋文帝刘义隆以“叛逆”罪名杀害，年四十九。

谢灵运年轻时就以诗才闻名，加以出身豪门，自恃不凡，目空一切。他是一个矛盾的人物，给他文官做（修《晋书》），不乐，自命有将相之能，实际上在政治结交上很无眼光，又不致力于培育政绩。爱好自然风光，喜欢游山玩水，向往山居生活，但久居又感忧闷。他与陶渊明齐名，后者以开创田园诗著称，而他以山水诗鼻祖成名，他又以在山水间筑园修屋写诗而为后世称道，属于中国早期的文人建筑师。

他的一生，摇摆在出仕与入隐之间，始终摆脱不了尘世欲念，却在中国历史上奠定了山水诗之传统。

谢灵运一生三仕二隐。他在故乡始宁继承了其祖谢玄修造的始宁墅，是一大型庄园，到他时已被战火及政治动乱弄得破旧不堪。他虽生在始宁，幼时被寄养在钱塘一道士家，直到他第一次就任为永嘉太守上任时，特绕道去访故居，在那里逗留一月，雇人在江边及山顶修造了两栋观景小屋，供退隐时用，这是他领悟山水的起端。他在永嘉不问公事，喜好游山玩水，一年后就申请辞职，退居始宁。在第一次退隐的三年多，他在故庄园（东山—院山—北山）的基础上，又在南山建造了自己的庄园，南北相对，并写了4万字的《山居赋》。以后他第二次出仕为秘书监，又因不得志而再次退隐始宁，这时他已心灰意懒，只是以已开拓的庄园为据点，在四周山水中游览，试图由此“悟理”而不得，导致第三次出仕，而因俗事争端被举告，终遭杀身之祸。

始宁墅其居

387年（太元十二年），灵运祖父谢玄（淝水之战功臣，封康乐公）因病辞职，返回故乡始宁，卜居东山，开始经营故里庄园，次年去世。

以下取自浙江林学院两位老师王欣、胡坚强的论文《始宁山居考》，其中有他们实地考察后绘制的始宁墅位置图与平面图。

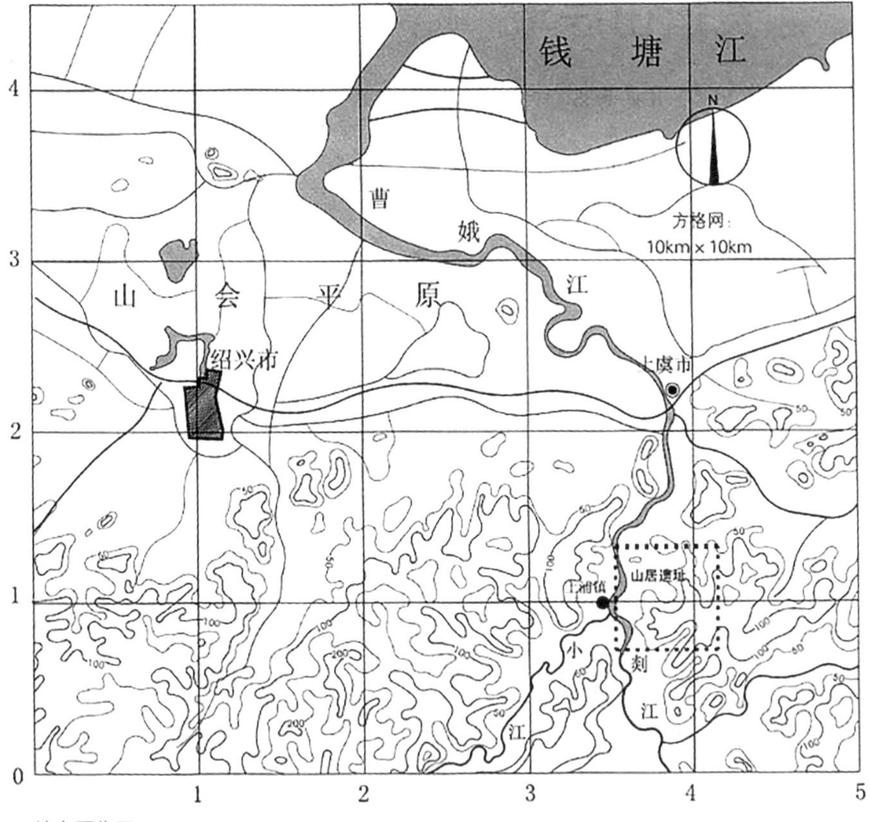
钱塘江
N
方格网:
10km × 10km
曹娥江
山会平原
绍兴市
上虞市
上浦镇
山居遗址
小剡江
江
0
1
2
3
4
5

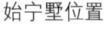

始宁墅位置

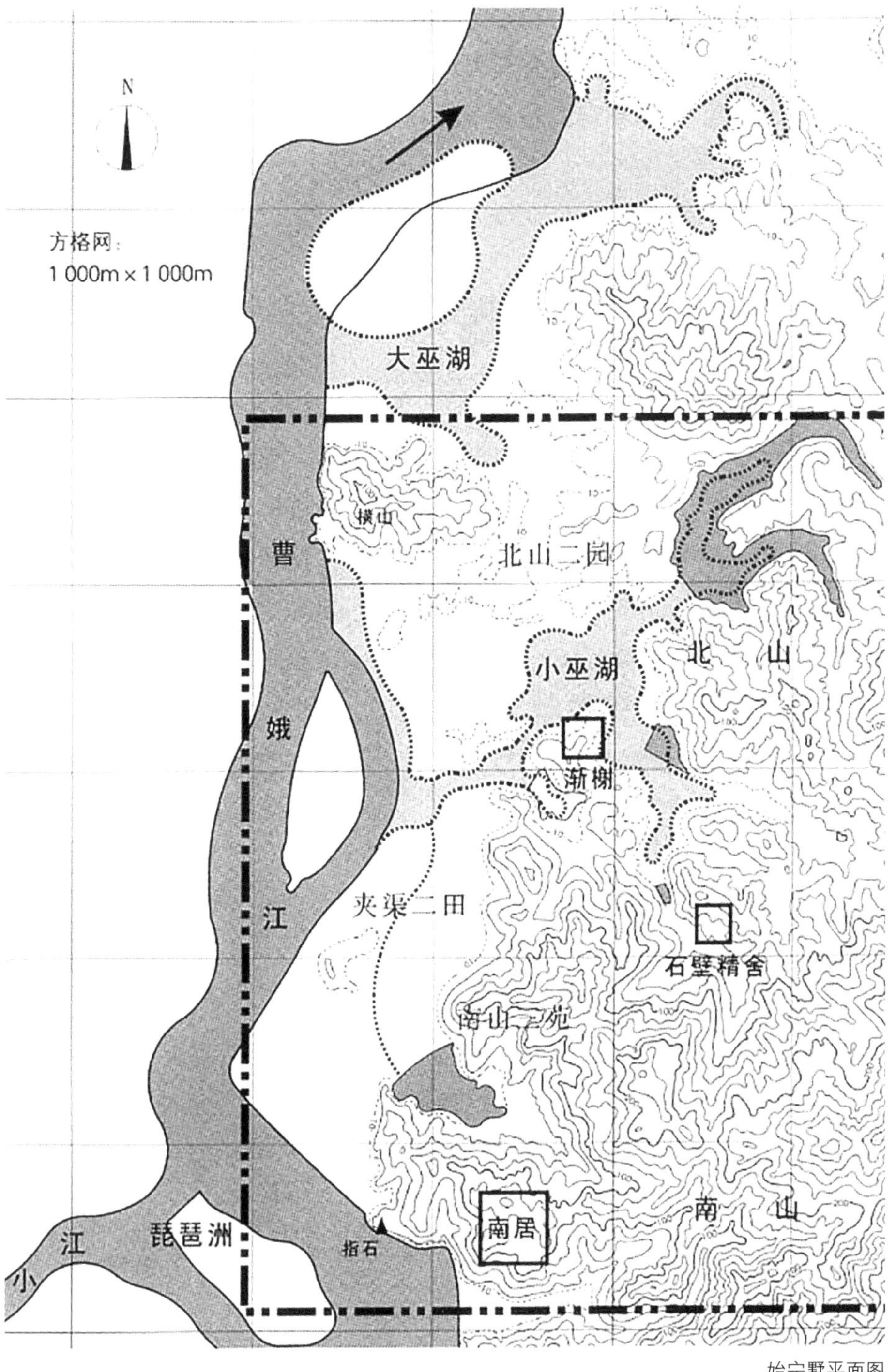
N
方格网：
1 000m×1 000m
大巫湖
横山
曹
北山二园
小巫湖
北
山
娥
渐榭
江
夹渠二田
石壁精舍
南山三苑
南居
南
山
小
江
琵琶洲
指石

始宁墅平面图

中国台湾作家林文月女士在她的《谢灵运》一书中对谢灵运和他的始宁墅有精练的描写。

“始宁墅包括平原山区，以及河流湖泊，而又物产丰富，实在是一个名副其实的‘鱼米之乡’”，而谢灵运的《山居赋》正是用美好的辞藻描绘了它的山水及自然资源，以及他开拓庄园的历程。

林女士用简洁的文字介绍了《山居赋》中对该址自然面貌的描述：“（始宁墅）位置在浙江会稽东山大约一里之处。左傍太康湖，右滨浦阳江，四面有水，东西有山。东面，近处有良田澄湖，远方则有天台、太平诸山；南面，剡江、小江合流于近地，松箴、栖鸡峰又耸峙在远处；西面，杨中、元宾并在小江附近，与山相接；北面，近连大小巫湖，远带澄净如练的江流。境域十分广阔，但在整个结构上言之，却是两个部分组成的，即南山和北山，而南山和北山之间，只有水路可通。在南山和北山，两处都有园宅。北山，又叫院山，这里便是当年谢安高卧的东山，也就是谢家祖业所在的地方；南山，才是灵运自己后来开辟出来的地方。”

谢灵运虽然生在始宁，但从小就被寄养在钱塘道士家，直到422年（永初三年，38岁）才在上任永嘉太守时，绕道过始宁暂居一月。一年后，他获准辞职第一次退隐在此三年（其中425年写《山居赋》）。于426年（元嘉三年，42岁）第二次出仕秘书监，到428年（元嘉五年）又托病告假回始宁再次退隐。一生在始宁居留三次。

第一次“路过”（422年），却逗留了一个月，有一首《过始宁墅》的诗，其中他赞美了这里的自然景色（岩峭岭稠叠／洲萦渚连绵／白云抱幽石／绿筱媚清涟），为此雇用工人在江边和山顶各修一观景茸屋（茸宇临回江／筑观基曾巅／挥手告乡曲／三载期旋归），[林文：“他差遣仆役工人，在江水转弯处修建一间房子，故意造成朴拙的茸屋乡野风味，以配合临流赏景之趣；又在层岭之巅，另盖一处观楼，供登高远眺之用”],期待自己三年后退职返归休养。

第二次也是他的第一次归隐（423—426年），在此住了三年余。此间写了《山居赋》以明其志，同时“倚山筑屋，临江起楼，田南树园，以供幽居游娱之外，又与隐士朋友往来”。他这次的开发是有全盘的策划思想的，可见之于《田南树园激流植援》一诗：“……中园屏氛杂／清旷招远风／卜室倚北阜／启扉面南江／激涧代汲井／插槿当列墉／群木既罗户／众山亦对聪／靡迤趋下田／迢递瞰高峰／寡欲不期劳／即事罕人功……”。

《山居赋》的“自注”中，分别对南、北二山的开拓作了较详细的描述：

“南山是开创卜居之处也。从江楼步路，跨越山岭，绵亘田野，或升或降，当三里许。涂路所经见也，则乔木茂竹，缘畛弥阜。横波疏石，侧道飞流，以为寓目之美观。及至所居之处，自西山开道，迄于东山，二里有余。南悉连岭叠鄣，青翠相接，云烟霄路，殆无倪际。从径入谷，凡有三口。方壁西南，石门世□南，□池东南，皆别载其事。缘路初入，行于竹径，半路阔，以竹渠涧。既入，东南傍山渠，展转幽奇，异处同美。路北东西路，因山为鄣。正北狭处，践湖为池。南山相对，皆有崖岩。东北枕壑，下则清川如镜，倾柯盘石，被隩映渚。西岩带林，去潭可二十丈许，葺基构宇，在岩林之中，水卫石阶，开窗对山，仰眺曾峰，俯镜浚壑。去岩半岭，复有一楼。回望周眺，既得远趣，还顾西馆，望对窗户。缘崖下者，密竹蒙径，从北直南，悉是竹园。东西百丈，南北百五十五丈。北倚近峰，南眺远岭，四山周回，溪涧交过，水石林竹之美，岩岫隈曲之好，备尽之矣。刊翦开筑，此焉居处，细趣密玩，非可具记，故较言大势耳。越山列其表侧，傍缅云霓为异观也。”

白话译文：

南山是通过占卜所选择的初创之地。从临江楼步行小路，跨越山岭，是一片绵延不断的田野，不是上坡就是下坡，这大约有三里之遥。途中经过所看见的，则是那高高的乔木和茂盛的修竹，攀缘的田间小路弥漫在土山之上，横向冲上来的波浪在冲刷着路旁的石头，道路侧旁是飞溅起的水流，琳琅满目的美景而显得洋洋大观。要到所居住的地方，必须从西山开辟一条道路，这样可一直通向东山，长约二里有余。南面全是重峦叠嶂，且青翠相连，就像是云壑雾衢通向九霄之路，始终无边无际。从小路进入山谷，总共有三个路口。方壁西南，石门正南，池东南，均已另外记载其事。沿着这条道路深入，行走在竹径之中，其中另有一半路程较为宽阔，以竹林、水渠夹道山涧。一进入后，东南方向依山傍渠，辗转于幽静奇特之境，大不相同，皆很优美。大道北边分东西二路，因为这里有山岭屏障。正北狭窄之处，可拦截湖泊为池沼。南山相对峙立，皆有悬崖岩石。东北方向头枕沟壑，下面则是清潭如镜，倾覆的树枝以及盘踞的巨石，覆盖在弯曲的河岸而映照着隆隆的小绿洲。西边是岩崖缭绕树林，离清潭大约二十丈，在平整的土地上建了房屋，在岩石树林之中，河边是护卫的石砌台阶，一开窗户就正对山峦，抬头可仰望重叠的山峰，俯首可镜照已疏通的山涧。离开岩石的半山腰处，又建筑了一座楼台。回首仰望，周身四顾，概得远景情趣，返身回顾西边楼馆，可以对窗相望。石崖边缘的下面，茂密的修竹覆盖了路径，这里从北到南全是竹园。东西方向相距约百丈远，南北方向的距离长达一百五十五余丈。北边靠近山峰，南边可远眺山岭。四面山岭包围，溪流山涧，交互通过。流水、奇石、苍树、修竹之美，危岩、幽洞、河湾、曲径之妙，备尽其极。砍斫剪刮，进行开拓营建，在此处定居，有细腻的情趣和甜蜜的玩乐，但不是全部都可以记录下来，所以只能从大的方面说说。穿越山岭罗列其表面、侧面，即使云彩、虹霓的边沿、微丝，亦为奇异景观。

“求归其路，乃界北山。栈道倾亏，蹬阁连卷。复有水径，缭绕回圆。弥弥平湖，泓泓澄渊。孤岸竦秀，长洲芊绵。既瞻既眺，旷矣悠然。及其二川合流，异源同口。赴隘入险，俱会山首。濑排沙以积丘，峰倚渚以起阜。石倾澜而捎岩，木映波而结薮。径南漘以横前，转北崖而掩后。隐丛灌故悉晨暮，托星宿以知左右。【往返经过，自非岩涧，便是水径，洲岛相对，皆有趣也。】”

白话译文：

寻找回去的道路，乃在北山分界处。那里残存的栈道已歪扭倾斜，攀登时用来休息的小阁楼也变得如同扭曲的螺旋。虽然另有水路可以通行，但得绕上一个大弯。这里淼淼的湖水平静如镜，宽阔的潭水澄清似渊。圆弧形的堤岸显得挺拔健美，苗条的小陆洲因草木茂盛而显得神秘。登高远望，空旷悠然。逆流而上可追溯到二江合流之处，这里的源头既不相同，还在下游派水而分流，虽然它们在水口合二为一。奔赴于山隘而进入天险，最后聚会于山脉之首。溪水在沙石滩上流淌，细沙被水流推搡，从而堆积起一座座小沙丘，那尖峰在水上的部分即是隆起的高地。岩石倾斜而俯身狂澜，匆匆水流则稍微掠过岩洞，树木的倒影以及波浪，连接着那一片片水草滩。水流在经过南边的山崖时突然横断向前，在折转北崖之后又被掩蔽在岩崖之中。只有观察那灌木丛的隐没，才能分辨出这一日之间什么时候是清晨、什么时候是黄昏，依托天上星宿的方位，才能确定自己是身处山左或是山右。【往返经过的，不是石岩山涧，便是水路，陆洲岛屿相互对立，皆很有情趣。】

据载，他当时策划与监造的建筑物及景观物有：

南山新居　无详细资料，只能以《山居赋》中所述为据："葺基构宇，在岩林之中，水卫石阶，开窗对山，仰眺曾峰，俯镜浚壑。去岩半岭，复有一楼。回望周眺，既得远趣，还顾西馆，望对窗户。缘崖下者，密竹蒙径，从北直南，悉是竹园。东西百丈，南北百五十五丈。北倚近峰，南眺远岭，四山周回，溪涧交过，水石林竹之美，岩岫隈曲之好，备尽之矣。

临江茸馆、枕矶启轩　《山居赋》："抗北顶以茸馆，瞰南峰以启轩"。林文："在灵运的设计下，靠北面的山阜边上修筑了一个房子，风景佳丽，开门可以临江"。（注：前文所述他当年"路过"始宁时，曾让役工在山上及江边修建了两座茸屋，估计是在北山老庄园，这里写的是在南山新庄园）。

斤竹涧　林文："他又命役工将一根根的竹竿剖开，连接起来，俾便于承接山涧，以替代汲井取水"。这也是上诗中缩写"激涧代汲井"的叙说。

北山二园、南山三苑　《山居赋》"北山二园，南山三苑。百果备列，乍近乍远。罗行布株，迎早候晚。猗蔚溪涧，森疏崖献。杏坛、柰园、橘林、栗圃。桃李多品。梨枣殊所，枇杷林檎，带谷映渚。椹梅留芬于回峦，梬柿被实于长浦。”这里指的是果园，坐落在田野边上，周边密植木槿，作为围墙。

石壁精舍　林文：“他又特为几位僧友在风景秀丽的石壁地方造了一所精舍，同时更建经台、筑讲堂、立禅室、列僧房。灵隐和高士名僧游览山水之余，便谈玄说理，作赋吟诗，写下不少作品，如他的《石壁立招提精舍》一诗：“昏旦变气候／山水含清晖……芰荷迭映蔚／蒲稗相因依／披拂越南径／愉悦掩东扉／虑澹物自轻／意惬理无违／寄言摄生客／试用此道推”。这首诗写得何等超脱，谁能想到其作者几年后竟因俗事被弃尸刑场呢！

有的文献中说他“大兴土木”，也有的文献说始宁墅不像中国“传统园林”，而更像是“乡土村落”，我觉得这些说法都与《山居赋》中所描述的不符。谢灵运的“山居”，始终是以山水为主，房屋只是点缀，“选自然之神丽，尽高栖之意得”，因之不可能有“大兴土木”之举，也不能要求把“京都宫观游猎声色之盛”搬来，而是“虽非市朝而寒暑均，虽是构筑而饰朴两逝”。他选择栖居于大自然之中，而论者却非要用后世“浓缩天地”的小园林的观念去“套评”，岂非笑话。

中国的山水（居）诗引出山水（居）画，一些名画往往以名景为范例，如唐王维的辋川别业，尽管原址已废，但后世（直到明清）的名画家仍频频以其诗为据而凭想象作画。然而，尽管谢灵运对始宁墅的诗作甚多，影响很大，却未见有凭其诗而作画者。这里只能以其邻近的富春山居图及其他一些山水画为借鉴，借画的形象显示诗的意境。

他第三次到始宁是428年，45岁，也就是他第二次的退隐。林文：“尽管在表面上‘凿山浚湖’‘寻山陟岭’，生活阔绰热闹得迹近荒唐，其实……内心是十分寂寞的……心灵是落寞多了，也苍老多了”。

元 黄公望《富春山居图》

元黄公望《富春山居图》取“山居”而不是“山水”为名值得推敲。可惜没有画家画始宁墅的全貌图。富春地近始宁，所画的意境或者也可代表始宁。

元王蒙《青卞隐居图》

元王蒙的《青卞隐居图》与谢灵运的《石门新营所住四面高山回溪石濑茂林修竹》“跻险筑幽居／披云卧石门／苔滑谁能步／葛弱岂可扪／嫋嫋秋风过／萋萋春草繁”有相近之处。

其实此时谢灵运并不是完全孤独的。他有几位诗友，即谢惠连（堂弟）、荀雍、羊璇之，合为“四友”，有时聚会。另外他与高僧慧远、昙隆也有交往，但是这种稀少的聚合难以平息他心情的不安。

我们没有多少他当时营造活动的资料，只知道他在始宁墅西南的石门山（他喜爱攀登的一个峻岭）山顶建有一座住屋，见之于他所写《石门新营所住四面高山回溪石濑茂林修竹》一诗：“跻险筑幽居／披云卧石门／苔滑谁能步／葛弱岂可扪／嫋嫋秋风过／萋萋春草繁／……／俯濯石下潭／仰看条上猿／早闻夕飙急／晚见朝日暾／崖倾光难留／林深响易奔／感往虑有复／理来情无存／庶持乘日车／得以慰营魂／匪为众人说／冀与智者论”。此外，还有《登石门最高顶》（“疏峰抗高馆／对岭临回溪”）和《石门岩上宿》（“暝还云际宿／弄此石上月”）两首。

这一时期，他更喜欢到“幽峻”的景点去游览，越是难走的地方越是要去。为此，除了使用独特的轻杖之外，他还制作了一种专门的登山用鞋（美名曰：谢公屐）。他所偏爱的除石门外，还有天台山的临海峤、南北山之间的水路、斤竹涧、石壁山等，均有诗作。

从这一时期的诗作中，可以看出他的孤独无助的心态（用现代心理学来说，他可能已经患上精神抑郁症）。他在诗中提到一位“美人”，竟不来、游不还。这里没有情欲的含义，而是他的一种朦胧的憧憬，思虑反复，徘徊于情理之间，不能解脱。

近代 齐白石山水画（一）

近代 齐白石山水画（二）

近代画家齐白石的两幅画或可代表谢灵运的“临江茸馆”与“石门顶屋”。

实例② 美景传世逾千年，亦真亦幻藏玄机——记王维的辋川别业

王维其人

在8世纪中叶，中国正处于唐王朝的繁盛时期，但中期出现了安史之乱，乃有白居易《长恨歌》中唐玄宗和杨贵妃生离死别的人间悲剧。正是在这种动荡之中，出现了多位杰出的诗人（王维、孟浩然、李白、杜甫等），创建了盛唐诗的时代。

王维（701—761年，一说699—761年），河东蒲州（今山西运城）人，祖籍山西祁县。唐朝著名诗人、画家，字摩诘，号摩诘居士。他身负奇才，但遭遇颠簸，终于看破尘世，皈依佛理。

他的60岁寿命，可分三个时期：先是青少年时期：15岁去京城应试，不久就以诗句震撼文坛（“独在异乡为异客／每逢佳节倍思亲／遥知兄弟登高处／遍插茱萸少一人”——《九月九日忆山东兄弟》）。21岁进士及第。

21~40岁是中年时期。30岁中状元，任太乐丞，因伶人舞黄狮子受累，贬为济州司仓参军（“微官易得罪／谪去济州阴”——《被出济州》）。其后得到宰相张九龄青睐，任为右拾遗，调任监察御史，后又担任凉州河西节度幕判官。从这时开始就在购得京城南蓝田山麓宋之问旧宅的基础上修建辋川别业。

41~60岁是他的“晚年”。755年发生安史之乱，长安被攻陷，王维逃避不及，被迫出任伪职。战乱平息后被下狱审讯，得到宽宥降为太子中允，后又重被提升，官终尚书右丞。但他对人生已感冷淡消沉（“宿昔（晚年）朱颜成暮齿／须臾白发变垂髫／一生几许伤心事／不向空门何处销”——《叹白发》）。在辋川过“半官半隐”生活，吃斋念佛。他与友人裴迪对辋川每一景点各赋诗一首，编成《辋川集》传世。王维除赋诗之外，还以绘画闻名，当时曾为各景点作画，可惜除原宋宅一幅（现存美国弗里尔博物馆）外，其他均已失散。

王维去世后，辋川别业也陷于衰落，据说到中唐时已面目全非。但另有一说：北宋的诗人秦观曾寻访此处，按当时尚存的全景图遍游了二十景，并因此治愈了让他长期受罪的肠胃病。除此之外，北宋诗画界对辋川别业似乎不感兴趣，南迁之后，更无人问津。然而到元朝忽然发生重大变化，元名画家如赵孟頫等凭想象画了辋川的全景图。元末画家王蒙据说还能看到当年的残片，加上自己的想象力，画出二十景的辋川图。其后到明朝，又有仇英、沈周等名画家凭想象画出了辋川图。此后到清朝有王厚祈等画家继续。于是历史上凭《辋川集》诗篇与画家的想象力做成的《辋川图》全景、个景图为数众多，成为各代画家喜爱的画题。

今天，尽管辋川遗址已很难追寻（近年有西北大学的教师与研究生做过尝试，找到当时的文杏树），但是我们根据王维、裴迪的《辋川集》和各朝画家亦真亦幻的图像可以追索到千余年前的传世美景，并从诗画中体验到王维当年的思想境界。

在本章中，笔者将根据王维、裴迪的《辋川集》及相关诗篇和王蒙、仇英及王厚祈等亦真亦幻的画作，试图体会作者的创作意境。

辋川其居

辋川，位于陕西蓝田县城西南约5公里的尧山间，是秦岭北麓一条风光秀丽的川道。川水自尧关口流出后，蜿蜒流入灞河。古时候，川水流过川内的欹湖，两岸山间也有几条小河同时流向欹湖，由高山俯视下去，川流环凑涟漪，好像车辆形状（“辋”指的是车轮外周同辐条相连的圆框），因此叫作“辋川”。另有一说是：辋河水流潺湲，波纹旋转如辋，故名辋川。

王维在《辋川集》序中写道：

> “余别业在辋川山谷，其游止有孟城坳、华子冈、文杏馆、斤竹岭、鹿柴、木兰柴、茱萸泮、宫槐陌、临湖亭、南垞、欹湖、柳浪、栾家濑、金屑泉、白石滩、北垞、竹里馆、辛夷坞、漆园、椒园等，与裴迪闲暇，各赋绝句云尔。”

后人根据诗集追画各种示意图，相互间不很一致。现取若干为例：

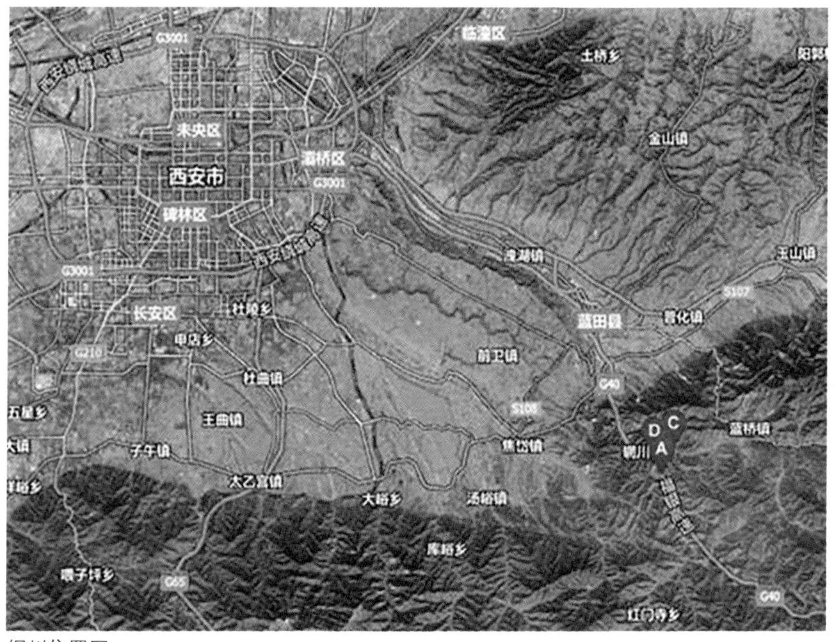

辋川位置图

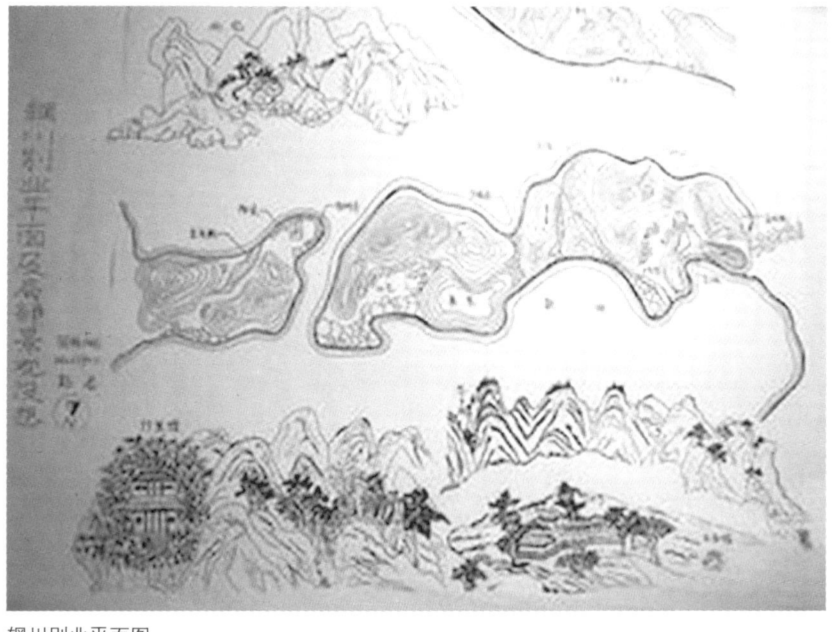

辋川别业平面图

椒园 漆园 竹里馆 白石滩 南垞 金屑泉 栾家濑 柳浪 临湖亭

辋川别业总示意图（原载《关中胜迹图志》）

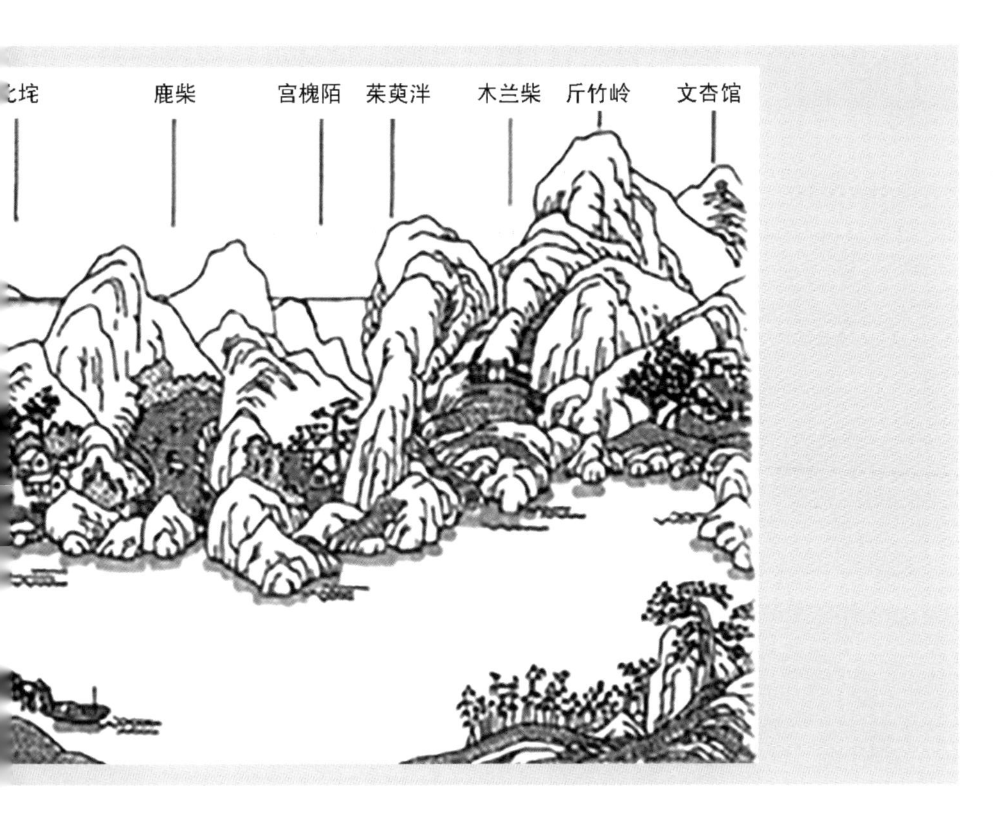
鹿柴
宫槐陌
茱萸泮
木兰柴
斤竹岭
文杏馆

辋川别业北段示意图（原载《关中胜迹图志》）

辋川别业南段示意图（原载《关中胜迹图志》）

其实从这几张图就可看到矛盾。首先是朝向问题：二十景中有北垞、南垞二景，似乎意味辋川流向是从南到北（流入灞河），别业各景是从北到南。但从所附的平面图来看，则川水流向是东西向，景点由东到西，与北南两垞的称呼有矛盾。我的解释是辋川从发源地向北，中间因山形时而改变流向（见卫星图），王维选择的正好是川流成东西向的一段（建筑背山朝阳），由中间的欹湖断开成南北两段，北段以北垞终于湖北，南段则自湖南的临湖亭开始经南垞到椒园。这样上面所附的平面示意图就需要作一些调整。

我们暂且以"亦真亦幻"的图像来理解辋川别业，它可以分为北南两段。北段由：孟城坳、华子冈（二者成一组）、文杏馆、斤竹岭（二者成一组）、木兰柴、茱萸泮、宫槐陌（三者成一组）、鹿柴、北垞等9景组成。南段由：临湖亭、柳浪、栾家濑、白石滩（四者为一组）、金屑泉、南垞、竹里馆、辛夷坞、漆园、椒园等10景组成。中间以欹湖（1景）相隔。这20景中，有8处纯是山水景色，其他12处则是山水与建筑共处，各有特色。整个20景的组合形象是人与自然的和睦相处。

以下对各景（组）分别鉴赏：

孟城坳 + 华子冈

孟城坳

新家孟城口，古木余衰柳。来者复为谁，空悲昔人有。（王维）
结庐古城下，时登古城上。古城非畴昔，今人自来往。（裴迪）

孟城坳（注：坳指山中平地）是王维辋川别业的起点，也是王维的居所。它原来是初唐诗人宋之问的别墅，由王维购得，可能还做了些整修。王维接收了前人（宋因贪污等罪被玄宗赐死）的产业，看到周围一片荒凉，古木只剩下少数衰柳，怀疑将后无来人，有空悲之感。但他的友人裴迪却别有所感，认为虽然古城已衰败，昔日的繁华已衰落，但今人住入，可使古城得到新生。

在辋川别业，王维首先是爱其山水之美，同时也要添入一些人居及附属建筑（可以养鹿及种些经济作物），为自然景色添加一些人气。所以辋川20景，只有少数是保持原状的，多数在其中或其旁添加不同大小和类型的建筑，形成“景组”。孟城坳与旁边的华子冈就是一组。

唐 王维作品 辋川胜景

元画家王蒙所作华子冈

华子冈

飞鸟去不穷，连山复秋色。上下华子冈，惆怅情何极。（王维）
落日松风起，还家草露晞。云光侵履迹，山翠拂人衣。（裴迪）

从孟城坳去华子冈来回要一整天。真如裴迪所写，上山时路过的草上结露，到黄昏落日时下山都已晞解。透过云层的阳光照在足迹上，山花落在行人衣服上，这都是暂时的，只有鸟儿不穷尽地飞翔，满山秋色给人以惆怅之感。从这首诗可看到：与裴迪不同，王维此时已深有人生无常的悲观感受。

明朝画家仇英体会到王维景屋互补的心绪，他的辋川十景画就把孟城坳与华子冈画在一起，别有情趣。

月朝画家仇英所作辋川十景之一：孟城坳＋华子冈

文杏馆+斤竹岭

文杏馆

文杏裁为梁，香茅结为宇。不知栋里云，去作人间雨。（王维）
迢迢文杏馆，跻攀日已屡。南岭与北湖，前看复回顾。（裴迪）

王维赋文杏馆的一首诗，在我看来，是他的最佳诗作。他在诗中刻画的意境是人间罕见的仙境。文杏馆建在距华子冈不远的半山腰上，体形娇小，全身通透，无墙无窗，专门是为接待天上来客——云彩的。这里的建筑材料用的是当地出产的银杏木（至今人们还可见到千年前的古银杏树），屋顶铺盖的是专门选择的香茅。飘浮在半山腰的云彩，被微风带到馆中，与房屋的栋梁亲切交谈，然后又飘走作为及时雨降到人间。平时人们在地上看到的高不可及的云彩，在这里却是一名常见常留的常客。诗人裴迪到达这里，前顾后盼，南北的山岭与湖泊尽在眼中。尽管路程迢迢，攀登到此已是午时，但看到的却是在地面上无法见到的景观（那时没有飞机）。这是辋川别业中特别珍贵的一处美景。

元末画家王蒙所作文杏馆

斤竹岭

檀栾（竹）映空曲，青翠漾涟漪。暗入商山路，樵人不可知。（王维）

明流纡且直，绿筱（小竹）密复深，一径通山路，行歌望旧岑。（裴迪）

把文杏馆和斤竹岭编为一组有点勉强，因为二者虽然距离较近，但每处上下都要一整天，只能分别攀登。斤竹岭山上是茂密的竹林（檀栾），游人“暗入”其内，樵夫也不知其去向。

和孟城坳 + 华子冈一样，仇英在这里也把文杏馆 + 斤竹岭画在一起，马上可以看出二者相互没有直接关系，而且这里画的文杏馆离地面太近，与云彩又太远，失去了王维诗中的意境。

明朝画家仇英所作辋川十景图（局部）：文杏馆及斤竹岭

木兰柴＋茱萸泮＋宫槐陌

木兰柴

秋山敛馀照，飞鸟逐前侣。彩翠时分明，夕岚（云）无处所。（王维）
苍苍落日时，鸟声乱溪水。缘溪路转深，幽兴何时已。（裴迪）

此处的“柴”，栅也，亦作“寨”，别墅有篱落者，亦称“柴”。木兰是一种落叶乔木，此处图中栅内似为经济作物。

元末画家王蒙所作辋川图卷（局部）：木兰柴

明朝画家仇英所作辋川十景图（局部）：木兰柴

茱萸泮

结实红且绿，复如花更开。山中傥留客，置此芙蓉杯。（王维）

飘香乱椒桂，布叶间檀栾（竹）。云日虽回照，森沉犹自寒。（裴迪）

茱萸（或称芙蓉）是一种常绿带香的植物，具备杀虫消毒、逐寒祛风的功能。这里是一个岸边生长着繁茂茱萸的深山池沼，是留客的佳境。一般评论认为裴迪的诗更有意境，他写的是在色、香俱全环境的临暮时刻，给人以一种深沉自寒的感觉。

元末画家王蒙所作辋川图卷（局部）：茱萸泮

宫槐陌

仄径荫宫槐，幽阴多绿苔。应门但迎扫，畏有山僧来。（王维）
门前宫槐陌，是向欹湖道。秋来山雨多，落日无人扫。（裴迪）

宫槐陌地处辋川别业北段的中部，其屋舍较大，可供接待外客（包括来访的高僧，据说裴迪当年就住此处），也可供主人读书、写诗、作画及静修之用。屋舍处于幽径之中，应门开敞，既隐蔽又开放，进可通往欹湖胜景，隐可赏木兰茱萸景色，品尝芙蓉杯茶。

与前四景不同的是：前者比较开放，而本三景的特色却是比较幽闭。前者适宜攀登望远，而本景则适宜于幽居近赏。王维根据本处山水的特色，创造出不同的审美意境，确实是大匠手法。

元末画家王蒙所作辋川图卷（局部）：宫槐陌

鹿柴

空山不见人，但闻人语响。返景入深林，复照青苔上。（王维）
日夕见寒山，便为独往客。不知深林事，但有麏麚迹。（裴迪）

元末画家王蒙所作辋川图卷（局部）：鹿柴

王维这首诗可以说是整个《辋川集》中最具哲理性的，也表露了作者的心理矛盾。他面对空谷，似空非空，因为还能依稀听到人语之声。就像夕阳西照，虽然软弱无力，似乎奄奄一息，却仍然能透过密集林木，照到后面平地上的青苔。诗是写鹿柴的，主人在这里豢养鹿群，是为了给别业带来一些生气，也说明其尘念未尽，想空而又不空。尽管在诗里撇开了鹿，但仍然摆脱不了人语声。这种既面对空寂又留有声响的意境，给主客带来不同的心情：主人的心境是寻求一种精神的解脱；而客人（一个独往客）则在鹿的足迹中探求丛林深处的奥秘。

北垞

北垞湖水北，杂树映朱阑。逶迤南川水，明灭青林端。（王维）

南山北垞下，结宇临欹湖。每欲采樵去，扁舟出菰蒲。（裴迪）

地形的变化，形成了缓冲的欹湖及别业南北两段的分隔。北垞位于北段南端，紧靠欹湖，能观看到湖泊、流水与对岸群山的景色，山水、静动的对比，提供了极为丰富的景观。由扁舟携带樵客深入明暗交替的青林，自有无尽的游历情趣。

清朝画家王原祈所作辋川图卷（局部）：北垞

明 仇英 辋川十景图（局部）：北垞

欹湖

吹箫凌极浦，日暮送夫君。湖上一回首，山青卷白云。（王维）

空阔湖水广，青荧天色同。舣舟一长啸，四面来清风。（裴迪）

欹湖可谓是天赐良景，来客泛舟回家前可以在此吹箫饮酒告别，也可以自己舣舟长啸，享受四面来风，观赏青山白云之胜境。

明 仇英 辋川十景图（局部）：欹湖

临湖亭＋柳浪＋栾家濑＋白石滩

临湖亭

> 轻舸迎上客，悠悠湖上来。当轩对尊酒，四面芙蓉开。（王维）
> 当轩弥滉漾，孤月正裴回。谷口猿声发，风传入户来。（裴迪）

此地既可送客，也可迎客；既有四面清风，又有四面芙蓉，可在白天会客，也可在夜晚孤月徘徊，聆听隔岸猿声。风吹湖水泱瀁，当轩对酒，其乐陶陶。

明 仇英 辋川十景图（局部）：临湖亭

王厚祁 辋川图卷（局部）：临湖亭

柳浪

分行接绮树，倒影入清漪。不学御沟上，春风伤别离。（王维）
映池同一色，逐吹散如丝。结阴既得地，何谢陶家时。（裴迪）

有注解引江淹《四时赋》：“忆上国之绮树，想金陵之蕙枝”。“陶家”或指陶潜。主客在此共饮，观看倒影清漪的成行柳树飘摇如浪，共赞陶家退隐之心，摈弃卖命御沟之态。春风吹柳丝，只对别离亲友伤感。

元 王蒙 辋川图卷（局部）：柳浪

栾家濑

飒飒秋风中，浅浅石溜泻。跳波自相溅，白鹭惊复下。（王维）

濑声喧极浦，沿涉向南津。泛泛鸥凫渡，时时欲近人。（裴迪）

“濑”指急流之水。欹湖既有宁静水面，又有喧哗急流地段，在秋风中跳波自溅，惊起白鹭飞翔，恰似要投向人家。

清 王厚祁 辋川图卷（局部）：栾家濑

白石滩

清浅白石滩，绿蒲向堪把。家住水东西，浣纱明月下。（王维）
跂石复临水，弄波情未极。日下川上寒，浮云澹无色。（裴迪）

山石一般为灰色或长青苔。此处竟有白荧荧的乱石成滩，石间长有绿草，游人可拔起在握。家住东西的妇女爱在此浣纱洗衣，跂石弄波，乐犹未极。

元 王蒙 辋川图卷（局部）：白石滩

金屑泉

日饮金屑泉，少当千馀岁。翠凤翊文螭，羽节朝玉帝。（王维）
萦渟澹不流，金碧如可拾。迎晨含素华，独往事朝汲。（裴迪）

泉水落到山脚，停止不流之际，在阳光反射下闪出金光，恰如“金屑”，相传饮此泉水，可有千年之寿，使诗人想起神话中西王母乘着翠凤飞翔，前有文兽开道，身披羽节去朝拜玉帝时的情景。诗友和之以清晨初饮素华之水，再独往朝拜玉帝之境。一唱一和，写的都是仙境，与尘世无关。

明 仇英 辋川十景图（局部）：金屑泉

南垞

轻舟南垞去，北垞淼（遥远）难即。隔浦望人家，遥遥不相识。（王维）
孤舟信一泊，南垞湖水岸。落日下崦嵫（日落之处），清波殊淼漫。（裴迪）

南北二垞，原意是作为别业两段的终端，可以隔水相望，但由于南段开端处自然景色（柳浪、栾家濑、白石滩、金屑泉等）密集相继，致使南垞距南段北端有了一定的距离，与北垞不是隔湖相对，以至于居者相隔而不相识。但是它仍然作为招待客人和主人静修之处，孤舟可以停泊，轻舟可以互访。

元 王蒙所绘

竹里馆+辛夷坞

竹里馆

独坐幽篁（竹林）里，弹琴复长啸。深林人不知，明月来相照。（王维）
来过竹里馆，日与道相亲。出入唯山鸟，幽深无世人。（裴迪）

竹里馆位于别业南段中部山丘之中的一个谷地，四周有竹形成一环形围篱（有说是人工培植）。它与北段的宫槐陌相当，但后者可能多用于待客，而此地则主要供主人较长时间静修之用。与尘世隔绝，“独坐幽篁里，弹琴复长啸”，“出入唯山鸟”，因而裴迪称之为“日与道相亲”。

元 王蒙所绘

辛夷坞

木末芙蓉花，山中发红萼。涧户寂无人，纷纷开且落。（王维）
绿堤春草合，王孙自留玩。况有辛夷花，色与芙蓉乱。（裴迪）

按字典：“坞”是“一座防卫用的小堡”“四面高中间凹下的地方”“水边停船修理的地方”等。“辛夷：树大连合抱，高数仞，其花初发如笔，被人呼为木笔，其花最早，南人呼为迎春”。它临水而筑，可以作为迎送的码头，距竹里馆不远，作为一个转运站。同时，它的花色可与芙蓉“乱”，“绿堤春草合，王孙自留玩”，也有它独立的审美价值。

元 王蒙所绘

漆园

古人非傲吏，自阙经世务。偶寄一微官，婆娑数株树。（王维）
好闲早成性，果此谐宿诺。今日漆园游，还同庄叟乐。（裴迪）

“傲吏”，指庄周（傲），也指自己（非傲），只是一名“微官”，在此种植一些经济作物，与养鹿一样，可以略有收入，也堵住“人言可畏”。

元 王蒙所绘

椒园（树园）

桂尊迎帝子，杜若赠佳人。椒浆奠瑶席，欲下云中君。（王维）

丹刺罥人衣，芳香留过客。幸堪调鼎用，愿君垂采摘。（裴迪）

椒园顾名思义，是种植胡椒之类作物的地方。又可以招待帝子佳人。或雅或俗，各得其所。

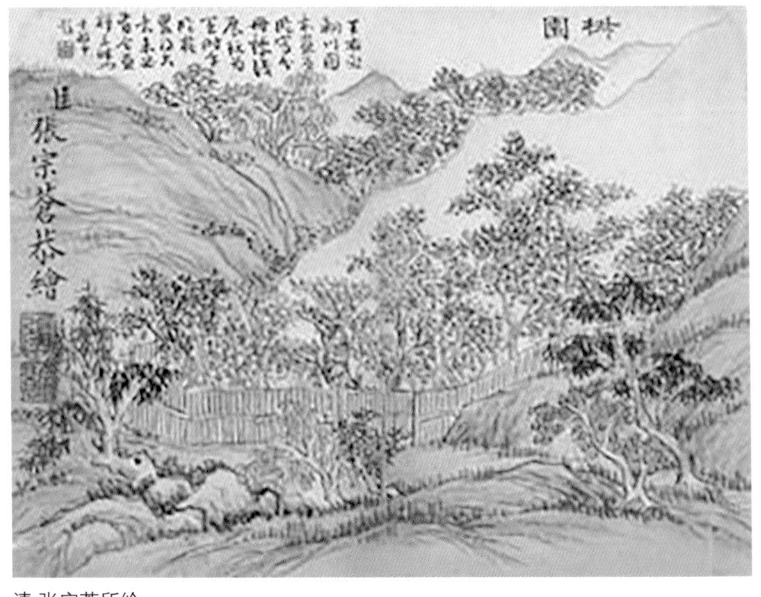

清 张宗苍所绘

钦楠体会：

王维和谢灵运相仿，也是在政治风浪中遭遇厄运的人。他幸而有朋友保护，得免于极刑，于是知难而退，退隐山水之中。他与谢不同的是，谢虽然拥有巨大庄园，但其建筑仍幽居壑中，自己始终从属于山水；而王维则把长达20里的山水美景拥为己有，按其自然起伏安排品位不同、又合为一体的有机整体，就像一部优美的乐曲。这部乐曲可以分为北南两段。北段以孟城坳、华子冈、文杏馆、斤竹岭为一组（主用）；木兰柴、茱萸泮、宫槐陌为一组（客用）；鹿柴、北垞为一组（迎送客）；南段先是临湖亭、柳浪、栾家濑、白石滩、金屑泉、南垞为一组（主客共享的自然景色）；竹里馆、辛夷坞一组（主客均可用，供静思或写作）；椒园、漆园一组（培育经济作物）。以上六组又不是决然分割，而是可以交叉。尽管如此，值得注意的是王维对待自然山水是十分友好的，绝无侵犯之意。他的建筑都是为了强化所处山水之美色，例如在木兰柴一组中，用黄色、朱色、绿色的花来点缀风景；在竹里馆用翠竹成圈包围建筑，创造一种优美的休闲气氛等。难怪北宋诗人秦观遍访二十景后，长期为患的肠胃病竟痊愈了。

我最为赞赏的是王维修建的文杏馆及为之所赋的诗（“文杏裁为梁／香茅结为宇／不知栋里云／去作人间雨）。该馆位于半山腰上，以高贵的银杏木为栋梁、以上佳的茅草铺屋顶，开放式的建筑等候着老友（白云）驾临，栋（静）、云（动）亲密对话，然后白云飞去人间，化为雨滴。这是何等美妙的意境！云栋对话、天人交互，岂是俗界所能体验。后世画家仇英、王厚祁等都能以画笔描绘出这种意境，令人徜徉不已。

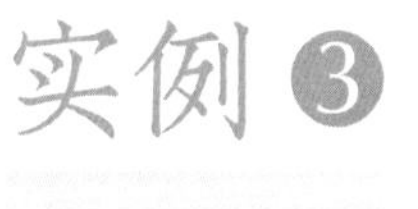

实例3 四朝元老不足惜，独乐园内成巨篇——记司马光与他的独乐园

司马光其人

司马光（1019—1086年），字君实，号迂叟。汉族。陕州夏县（今山西夏县）涑水乡人。北宋政治家、史学家、文学家。宋仁宗宝元元年（1038年）登进士第，累进龙图阁直学士。宋神宗时，因反对王安石变法，主动离开朝廷十五年，退居自辟的“独乐园”，在此主持编纂了中国历史上第一部编年体通史《资治通鉴》。他一生历仕仁宗、英宗、神宗、哲宗四朝，卒赠太师、温国公，谥文正（但在哲宗时又被取消赠谥）。他为人温良谦恭、刚正不阿；做事用功刻苦、勤奋。以“日力不足，继之以夜”自诩，其人格堪称儒学教化下的典范，历来受人景仰。生平著作有《温国文正司马公文集》《稽古录》《涑水记闻》《潜虚》等。

独乐园其居

他在神宗熙宁四年（1071年，53岁）买田二十亩（1亩=666.6m^2）于尊贤坊北关，以为园，内有读书堂、秀水轩、钓鱼庵、种竹斋、采药圃、浇花亭、见山台等，都很朴实。后人有把它们画成楼台亭阁者，实是天大笑话。比较符合实际的是明仇英所画（见附图）。他自己的描述是：

志倦体疲，则投竿取鱼，执衽采药，决渠灌花，操斧剖竹，濯热盥手，临高纵目，逍遥相羊，唯意所适。明月时至，清风自来，行无所牵，止无所柅，耳目肺肠，悉为己有，踽踽焉、洋洋焉，不知天壤之间复有何乐可以代此也。因合而命之曰：“独乐园”。

当有人问他，何以取名“独乐”者，他回答“叟所乐者，薄陋鄙野，皆世之所弃也”。正是在这种自然环境中，他与自己的创作“团队”不仅编撰了《资治通鉴》，还注解了西汉杨雄的《太玄集》（笔者称之为《续周易》）。为时十五年，笔耕不已，在把《资治通鉴》献给皇帝时，他说：

“臣今筋骨癯瘁，目视昏近，齿牙无几，神识衰耗，旋踵而忘。臣之精力，尽于此书。”成书不到两年，他便积劳而逝。

他始终将此园向外开放，与民同乐。

他写有《独乐园记》一文如下。

孟子曰：“独乐乐，不如与人乐乐；与少乐乐，不如与众乐乐。”此王公大人之乐，非贫贱所及也。孔子曰：“饭蔬食饮水，曲肱而枕之，乐在其中矣。”颜子“一箪食，一瓢饮”，“不改其乐”。此圣贤之乐，非愚者所及也。若夫鷦鹩巢林，不过一枝；鼹鼠饮河，不过满腹。各尽其分而安之，此乃迂叟之所乐也。

熙宁四年迂叟始家洛，六年买田二十亩于尊贤坊北关，以为园。其中为堂，聚书出五千卷，命之曰“读书堂”。堂南有屋一区，引水北流，贯宇下。中央为沼，方深各三尺。疏水为五派，注沼中，若虎爪。自沼北伏流出北阶，悬注庭中，若象鼻。自是分而为二渠，绕庭四隅，会于西北而出，命之曰“秀水轩”。堂北为沼，中央有岛，岛上植竹。圆若玉玦，围三丈，揽结其杪，如渔人之庐，命之曰“钓鱼庵”。沼北横屋六楹，厚其墉茨，以御烈日。开户东出，南北列轩牖，以延凉飕。前后多植美竹，为消暑之所，命之曰“种竹斋”。沼东治地为百有二十畦，杂莳草药，辨其名物而揭之。畦北植竹，方若棋局。径一丈，曲其杪，交相掩以为屋。植竹于其前，夹道如步廊，皆以蔓药覆之。四周植木药为藩援，命之曰：“采药圃”。圃南为六栏，芍药、牡丹、杂花各居其二。每种止植两本，识其名状而已，不求多也。栏北为亭，命之曰：“浇花亭”。洛城距山不远，而林薄茂密，常若不得见。乃于园中筑台，构屋其上，以望万安、轩辕，至于太室，命之曰：“见山台”。

迂叟平日多处堂中读书，上师圣人，下友群贤，窥仁义之原，探礼乐之绪。自未始有形之前，暨四达无穷之外，事物之理，举集目前。所病者，学之未至，夫又何求于人，何待于外哉！志倦体疲，则投竿取鱼，执衽采药，决渠灌花，操斧剖竹，濯热盥手，临高纵目，逍遥相羊，唯意所适。明月时至，清风自来，行无所牵，止无所柅，耳目肺肠，悉为己有，踽踽焉、洋洋焉，不知天壤之间复有何乐可以代此也。因合而命之曰：“独乐园”。

或咎迂叟曰：“吾闻君子之乐必与人共之，今吾子独取于己，不以及人，其可乎？”迂叟谢曰：“叟愚，何得比君子？自乐恐不足，安能及人？况叟所乐者，薄陋鄙野，皆世之所弃也，虽推以与人，人且不取，岂得强之乎？必也有人肯同此乐，则再拜而献之矣，安敢专之乎！”

（注：神宗熙宁年间，王安石推行新法。司马光反对新法，被贬为西京(洛阳)御史台，熙宁六年（1073年），购地二十亩，筑园）。

白话译文：

孟子说：一个人欣赏音乐的乐趣，不如与别人一起欣赏更快乐，与少数人一起欣赏音乐的乐趣，不如与众人一起欣赏更快乐。这是王公贵族的乐趣，不是贫贱的人所能达到的（境界）。孔子说：吃粗粮，喝冷水，弯着胳膊当枕头睡觉，其中也自有它的乐趣。颜回“一箪（盛饭的圆形竹器）饭，一瓢水”，“不改变他的乐趣”。这是圣人贤人的乐趣，不是愚笨的人所能达到的（境界）。像那“鹪鹩（jiāo liáo，是一种小型、短胖、十分活跃的鸟）在林中筑巢，不过占据一根树枝；鼹鼠到河中饮水，不过喝饱肚子”，各尽自己的本分而相安无事。这才是我（迂叟）所追求的乐趣。

熙宁四年（1071年），我才举家定居洛阳，熙宁六年（1073年），在尊贤坊北关买了二十亩田作为家园，它的中间作为厅堂，（在堂中）集中了五千卷书，把它命名为读书堂。读书堂的南边有一间屋子，引水往北流贯连屋下，中间作为水池，方圆和深度各为三尺。疏导水流分五处注入水池中，（形状）像老虎的爪子；从水池的北面隐蔽流出北面的台阶，悬空注入庭院下面，（形状）像大象的鼻子；（水）从这里又分为两条小渠环绕庭院的四角然后在西北面汇合流出，把它命名为秀水轩。厅堂的北面又有一个水池，中间有岛，岛上种了竹子，（岛）像玉玦一样呈圆形，环绕有三丈方圆，将竹梢收拢打成结，像打鱼人的草屋，把它命名为钓鱼庵。水池的北面有六间并排的屋子，加厚了它的墙壁和屋顶来抵御烈日。开门往东，南北的窗子可以吹来凉风，前后多种植优雅的竹子作为清凉消暑的所在，把它命名为种竹斋。水池的东边，整治出一百二十畦田，错杂地种植着花草药材，为了辨识它们的种类名称，给它们（挂上字牌）作为标志。畦的北面也种了竹子，像棋盘一样呈方形，直径一丈左右，弯曲它的顶梢，使它交错通达遮蔽作为屋子。在它的前面种上竹子，形成像步廊一样的夹道，都用藤蔓、芍药等覆盖着它，四周种植草木药材等作为藩篱，把它命名为采药圃。药圃的南面有六个围栏，芍药、牡丹、杂花各占两个，每种（花）只种了两丛，（为了）辨识它的名称形状罢了，不求多种。围栏的北面有个亭子，把它命名为浇花亭。洛阳城距离山不远，但树木丛生茂密，常常看不到，于是在园中砌筑石台，在它的上面修建屋子，来眺望万安、轩辕，直到太室（都能看见），把它命名为见山台。

我平日大多在读书堂中读书，上以先哲圣人为老师，下以诸多贤人为朋友，究查仁义的源头，探索礼乐的开端，期望在未曾获得成就之前就达到进入无穷之外（的境界），把事物的原理，全部集中到眼前。所担忧的是学未有所成，对人又有什么祈求，对外又有什么期待呢？神志倦怠了，身体疲惫了，就手执鱼竿钓鱼，学习纺织采摘药草，挖开渠水浇灌花草，挥动斧头砍伐竹子，灌注热水洗涤双手，登临高处纵目远眺，逍遥自在徜徉漫游，只是凭着自己的意愿行事。明月按时到来，清风自然吹拂，行走无所牵挂，止息无所羁绊，耳目肺肠都为自己所支配。一个人孤独而舒缓，自由自在，不知道天地之间还有什么乐趣可以替代这种（生活）。于是（将这些美景与感受）合起来，把它命

明仇英画独乐园

独乐园二首

独乐园中客，朝朝常闭门。端居无一事，今日又黄昏。

客到暂冠带，客归还上关。朱门客如市，岂得似林间。

名为独乐园。

有人责备我说："我听说君子有所快乐必定和别人共享，现在您只为自己获得满足却不顾及别人，这难道可以吗？"我（非常）抱歉地说："我愚笨，怎么能够比得上君子，自己快乐唯恐不足，怎么能够顾及别人？何况我所感受的乐趣粗俗低下，都是世上人所抛弃的（东西），即使推荐给别人，别人尚且不要，难道能够强迫他们（接受）吗？如果也有人愿意（与我）同享这种乐趣，那么我则非常感激并且把它奉献出来，怎么敢专享这种乐趣呢？"

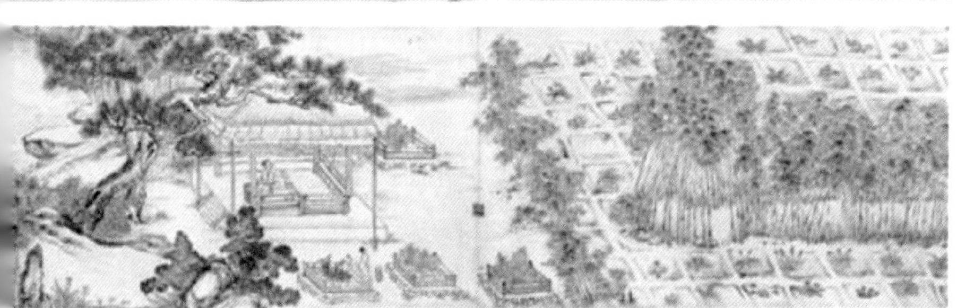

和王安之题独乐园
草浓初过雨，林静远含烟。燕引新飞鷇，荷承半坠莲。
朋来惟有月，山见不须钱，谁与同其乐，壶中浊酒贤。

独乐园新春
春风与汝不相关，何事潜来入我园。曲沼揉蓝通底绿，新梅剪彩压枝繁。
短莎乍见殊堪喜，鸣鸟初闻未觉喧。凭杖东君徐按辔，旋添花卉伴芳樽。

读书堂

六年买田二十亩于尊贤坊北关，以为园。其中为堂，聚书出五千卷，命之曰“读书堂”。

独乐园七题——读书堂
吾爱董仲舒，穷经守幽独。所居虽有园，三年不游目。
邪说远去耳，圣言饱充腹。发策登汉庭，百家始消伏。

园中书事二绝
芳洲晚日鲜，曲岸新雨好。红薇点圆荷，金蓌出幽草。
坐嗅白莲药，卧看青竹枝。间斋不成寐，起读圣俞诗。

秀水轩

堂南有屋一区，引水北流，贯宇下。中央为沼，方深各三尺。

疏水为五派，注沼中，若虎爪。自沼北伏流出北阶，悬注庭中，若象鼻。自是分而为二渠，绕庭四隅，会于西北而出，命之曰“秀水轩”。

独乐园七题——秀水轩
吾爱杜牧之，气调本高逸。结亭侵水际，挥弄消永日。
洗砚可抄诗，泛觞宜促膝。莫取濯冠缨，区尘污清质。

仇英 独乐园（局部）：读书堂

仇英 独乐园（局部）：秀水轩

钓鱼庵

堂北为沼，中央有岛，岛上植竹，圆若玉玦，围三丈，揽结其杪，如渔人之庐，命之曰“钓鱼庵”。

独乐园七题——钓鱼庵
吾爱严子陵，羊裘钓石濑。万乘虽故人，访求失所在。
三公岂易贵，不足易其介。奈何夸毗子，斗禄穷百态。

赏花钓鱼二首

飞廉通上苑，鳷鹊带天渊。树色含春雾，波光静晓烟。
香飘仙伏外，花舞御卮前。籊籊文竿袅，簁簁素鲔鲜。
误陪金马籍，愧奉柏梁篇。愿献南山寿，宸游侍秘年。

日丽芙蓉阙，春浓太液波。苑门鸣玉集，辇路翠华过。
芳树周阿密，嘉鱼在渚多。浮英入樽斝，颁首出蒲荷。
人乐熙熙德，臣赓旦旦歌。万生同鼓舞，相与醉天和。

明 仇英 独乐园（局部）：钓鱼庵

种竹斋

沼北横屋六楹，厚其牖茨，以御烈日。开户东出，南北列轩牖，以延凉飕。前后多植美竹，为消暑之所，命之曰“种竹斋”。

独乐园七题——种竹斋
吾爱王子猷，借宅亦种竹。一日不可无，潇洒常在目。
雪霜徒自白，柯叶不改绿。殊胜石季伦，珊瑚满金谷。

采药圃

沼东治地为百有二十畦，杂莳草药，辨其名物而揭之。畦北植竹，方若棋局。径一丈，曲其杪，交相掩以为屋。植竹于其前，夹道如步廊，皆以蔓药覆之。四周植木药为藩援，命之曰“采药圃”。

药圃
三蜀膏腴地，偏於药物宜。小畦千种聚，春雨一番滋。
山相惭多识，桐君未偏知。佗年似胡广，养寿复扶衰。

明 仇英 独乐园（局部）：种竹斋

明 仇英 独乐园（局部）：采药圃

浇花亭

圃南为六栏，芍药、牡丹、杂花各居其二。每种止植两本，识其名状而已，不求多也。栏北为亭，命之曰：“浇花亭”。

独乐园七题——浇花亭
吾爱白乐天，退身家履道。酿酒酒初熟，满花花正好。
作诗邀宾朋，栏边长醉倒。至今传画图，风流称九老。

见山台

洛城距山不远，而林薄茂密，常若不得见。乃于园中筑台，构屋其上，以望万安、轩辕，至于太室，命之曰“见山台”。

独乐园七题——见山台
吾爱陶渊明，拂衣遂长往。手辞梁主命，牺牛惮金鞅。
爱君心岂忘，居山神可养。轻举向千龄，高风犹尚想。

明 仇英 独乐园（局部）：浇花亭

明 仇英 独乐园（局部）：见山台

钦楠体会:

司马光是北宋名臣，他与王安石在政见上有分歧，其实二者都关心国力的增强，但做法不同。王安石主张强化中央集权，改革税制等；而司马光等则主张培植地方经济，地方富了，国力也自然增强了。其实这种分歧完全可以通过实践检验解决，但王安石对反对势力（被一些史家称为“保守派”）却实行残酷打击的政策，如苏轼被一再流放，乃至死于归途。司马光自动请求解职，在京城外购置小块土地，名之为独乐园。他在园内不问政事，与自己的“团队”编纂《资治通鉴》（后来又注《太玄》）。他在独乐园的修造中，显示了杰出的建筑和园林设计的才华。与谢灵运和王维不同，他没有财力和势力去买下整个山头，只能在园里搭一个台（见山台），可以在此鉴赏远处的山景。在小小的二十亩园地中，他安排了七个项目，除主要的读书堂（这里他藏书五千卷）外，有迎客和休闲用的秀水轩（都是简洁的房屋），此外，就是供自己著述疲劳时作为调剂生活用的种竹斋、采药圃、钓鱼庵和浇花亭，说明他生活情趣之高超。他在这里创造了一个学者的情趣意境。我们要感谢仇英的画笔，给我们重现了这种中国文人建筑师的优秀传统。

前述的中国三大建筑传统是我们的国宝，应当十分珍惜。当然，它们不可能是十全十美的，有的也存在严重的缺陷，但是我们不能因此而抛弃它们，给它们乱戴帽子而全盘否定。

中国的皇家建筑传统建立了中国建筑的“古典主义”，完全可以与“西方”（希腊、罗马）的古典主义比美。它包含了中国丰富的哲理思想和美学观念，需要我们以新时代的理念去分析、批判和吸收其营养。

中国的民间建筑传统（套用荣格的话）是一种“集体无意识”创造的精神财宝，体现了中国广阔领土上多种多样的自然美。它们表面看来体现一种“清静无为”的消极哲学（“能过个太平日子就好”），但是却以热爱自然、保护自然的积极态度内含着深刻的哲理观念，需要我们去发掘和提炼。

然而，在我看来，中国的文人建筑传统是我国建筑传统的精华。中国的文人固然也有败类，但其主流是富有正义感的，敢于坚持真理，在困境中努力探索真善美。他们所处的建筑环境往往很朴素，甚至是简陋的，但却能通过它们创造的意境（王国维所称的“境界”）给我们带来深厚的哲理启示和美学享受。我且举前面介绍的建筑实例中的一些突出的个例：

王维的辋川别业中建在半山腰上的文杏馆：它是一座小屋，却以文杏（这里有千年的银杏木）为栋梁，以香茅铺屋面。四周开敞，静待贵宾驾临。这个贵宾不是别人，就是频频飞来的白云。这里创造的意境简直可以说是“仙境”：白云飞来，暂坐片刻，喘一口气，再前往人间化为慈雨。虚与实、静与动在这里都具象化了。

谢灵运的《石门岩上宿》诗，写的是他在石门山顶修造的“幽居”，他晚上栖宿于此：“瞑还云际宿，弄此石上月”，却叹息“妙物莫为赏，芳醑谁与伐。美人竟不来，阳阿徒晞发”（注：“阳阿”是《楚辞》中所指旭日升起（晞发）的第一山丘）。这里的“美人”是诗人期盼的精神伴侣，却不能驾临，这种“孤独感”的意境，是何等动人心弦！

中国的文人建筑总是伴随着诗画，以衬托其意境，这也是中国建筑所独有的。

06 中国古代建筑与传统哲学的关系

这是一个很大的、但很值得探讨的课题，可惜目前这方面的学术文献还不多。

中国的传统哲学可以儒、道、法三家为重点。儒家主张“中庸之道”，道家提倡“道法自然”，法家主张“刑治则民畏”。这些思想观念（还有佛教，虽是宗教，却有深刻的哲学观念），它们通过古代建筑师对我国的古建筑产生深刻的影响，然而，如果根本不承认有“古代建筑师”的存在，这种影响也当然无从提起了。

苏轼画竹

我自认对建筑学是“槛外人”，对哲学更是“门外汉”，但我又喜欢对中、西哲学探头探脑地偷视一番，于是也形成了一些观点。

我发现儒道法实际上内部均有分歧。如儒家有孔孟民本主义的“民为贵”思想，到汉武帝时代却出现董仲舒“三纲五常”（君为臣纲，父为子纲，夫为妻纲）的“新儒学”，被当局奉为“独尊儒家”的实际上是“外儒内法”，统治中国2000年，让孔子背了“黑锅”。

道家有老子的《道德经》，主张“道法自然”“清净无为”的消极哲学，但也有庄周积极有为的世界观，表现在他的《逍遥游》和《齐物论》等著作中。例如，在《逍遥游》中，他设想自己变成大鹏鸟，遨游太空，更有《齐物论》中“万物一体”的世界观。

我在浏览中国古哲学文献时，感到有两项哲学观念特别值得注意，并可以拿来与西方一些哲学学说对比。这两项一是庄周的“万物一体论”，可与西方后世达尔文的进化论对比；二是唐玄奘的唯识论，可与康德“理性批判”中的认识论对照。本书只讨论第一项。

庄周的“万物一体论”主要出自他的《齐物论》，写得很简单。即① 天地与我并生，万物与我为一；② 凡物无成与毁，复通为一；③ 唯达者知通为一，为是不用，而寓诸庸。（中国台湾学者徐复观先生说：庄子不从事物的分、成、毁来看物，而只从物之用的这一方面来看物，则物各有其用，亦即各得其性，而各物一律归于平等，这便是“寓诸庸”。）

庄周以后2000多年，西方的达尔文提出了进化论，即“物竞天择，优胜劣败”。他的观点是：① 自然界的战争、饥荒以及死亡，直接导致我们得以产出更高级的动物。② 在我们身边歌唱的鸟儿，是靠这些昆虫和蠕虫为生的，因此它们时时刻刻都在毁灭生命……（而）这些歌唱家和它们的卵蛋，有多少是被其他鸟类和禽兽所毁灭的……

英国著名诗人丹尼荪的诗句“腥牙血齿自然界”，形象地描绘了自然界。人们还把他们的观点扩大到人间，认为人间的竞争和残杀是社会进步的杠杆。在这种思想的支配下，西方国家的统治者好战善斗，发展为帝国主义，导致两次世界大战。

庄周的学说被后世许多学者所继承发扬，也就是“和为贵”的思想。尽管中国历史上也充满了残酷的斗争，但人们向往的则是和谐共处。对建筑师来说，回归山水，热爱自然，就是他们创作的焦点。

事实上，现代生物学及相关科学，已经以多个实例证明了这“万物一体”的真理。例如：

○ 以地球上两大类生物——动、植物而言，就是互相依赖生存的（生物学上称之为“互利共生”）。植物通过叶绿素的光合作用向空气中供应动物生命所需要的氧气，而动物则通过自己的排泄物向植物提供碳，实行“碳－氧循环”。相反，人类大肆砍伐森林，结果破坏了自己的生态环境，造成“温室效应”，导致各种自然灾害。

○ 达尔文也承认自然界中存在协同，他对长嘴蛾进行了深入的研究，认为只有它才能够为花蕊深藏在细长花管里的兰花（生长在悬崖峭壁上）进行授粉，这两种完全不同的物种彼此之间绝对地相互依存。事实上，所有在森林中歌唱的鸟和爬行的虫，都无一不是在为树木的生存发展辛勤服役。（见《树的秘密生活》，商务印书馆，2015年，62页）。整个大自然就是这样一个动植物相互配合的“万物一体”的世界。

今天，一些电视节目中，喜欢反复地播放虎豹如何吞噬牛羊，但与万物互相保护和滋养相比，这些“为生存而斗争”的残杀实例，与整个地球上的生物与非生物的互相合作的关系相比，属于少数。

我们当然不否定合理竞争在自然和社会界存在的必要及进步作用，但不能因此肯定它是推动历史的唯一或主要驱动力。相反，合作与共生是世界得以生存和发展的主要条件。这也是我们现在提倡“人类命运共同体”的理论根据。

中国的建筑传统，必然受到传统哲学的影响，并且助长某些哲学观点的推广。

以皇家建筑而言，我们可以肯定，秦始皇的统治是以法家思想为基础的；到西汉初期，则转向“清净无为”的道家消极哲学（也有说用的是道家中另一派黄老思想），以休养生息，到汉武帝时，转而采用董仲舒的“新儒学”，独尊儒家。中国皇家建筑传统中的等级制的规范化和秩序化，也来源于此。

中国的民间建筑传统，却没有那么明确的哲理思想，或者可以说是一种“集体无意识”的自然哲学。

至于文人建筑的传统，则又是一种状态。中国的文人大都是个性很强烈的，有自己的信仰和哲学观，并且必然反映在其建筑中，表现在他们所创造的文化意境中，值得我们具体研究。但尽管有这些个性化的理念，我觉得中国许多古代文人所创造的和平共生的建筑环境和文化意境，是万物一体的哲学思想在建筑中的反映和表现。

07 中国当代建筑创作的突出课题——以贫资源建造高文明

我曾在2005年出版《特色取胜》一书中提出：

中国最宝贵的建筑传统是用贫资源建造高文明

十多年过去了，我至今仍然坚持这一观点。

也有专家提出质疑：中国是不是总是“贫资源”的？因此说是“传统”有无根据？我的历史知识很贫乏，但我的印象中：中国从古以来就处于一种资源紧迫的困境。作为一个农业国家，最匮缺的是土地，殷商王朝多次迁都，土地问题是一主因。此外，就中国北方而言，长期缺水，以致要进行南水北调的巨大工程。诚然，也可能在某些历史时期及某些地区有过以“富资源建设搞文明”的例子，例如王国梁教授就对我说：宋室南迁到临安时，浙江一带的农副业特别发达。然而，从总体而论，由于中国人口不断增加，国家始终处于资源总体匮缺的境地，体现在以下几个方面。

1）土地资源：山地多，平地少是中国土地构成的显著特点。农业用地绝对数量多，人均占有量少。

2）水资源：我国的水资源总体偏少，在全球范围内，我们属于轻度缺水国家。我国用全球7%的水资源养活了占全球21%的人口。

3）矿物资源：我国一部分需用量大的矿产如铁、磷、锰、铜等，中低品位的贫矿多而富矿少（或很少），它们的部分矿石组分复杂，选矿（冶炼）难度大；两种以上矿产共生在一定地质建造（地质体）三度空间中的共生矿及多种有用组分伴生在同一矿体中的矿产，也大量存在。

4）能源：随着我国经济的快速发展和人民生活水平的不断提高，我国年人均能源消费量将逐年增加，专家预计，到2040年将达到2.38t标准煤左右，相当于目前世界平均值。人均常规能源资源相对不足，是我国经济、社会可持续发展的一个限制因素，尤其是石油和天然气。

我相信，随着我国自然资源勘探不断取得新成果，优化利用资源的措施日益精细化，或许有朝一日可以摆脱“贫资源”的帽子，但至少在现今及今后一个较长的时间，“用贫资源建设高文明”仍然是一项核心任务。

我国自古以来，在建筑领域，除了一些追求豪华的古代皇家建筑和近年各地追求“与国际看齐”的豪华建筑之外，民间有丰富的勤俭建设的经验，但不少是在降低生活标准下做到的。

我认为，我们最宝贵的经验是我国古代文人用非物质手段（创造意境）来创造高文化价值的业绩。这种经验，除了对当今国内建设有用外，对进入国际市场也很重要。在全球化国际设计市场中，应当有我们的地位，它不是靠追求豪华或炫耀“怪异”来树立，而最有效的竞争手段是因地制宜地最佳利用我国的资源条件和文化传统来建设现代文明。

在这方面，我国现代建筑师已有不少佳例。我最钦佩的是吴良镛先生在北京菊儿胡同改造中的创造性设计，其文化意义不需要我来赘言了。

北京菊儿胡同改造

08 对BIM的认识

近年来，计算机辅助设计增添了一支生力军，就是 BIM。这是值得庆贺的。但是，我发现人们对它的理解还有些缺失。不少人认为BIM 在建筑设计中的应用主要是制作三维施工图，它可以及时发现设计中(管道与结构等)的“错碰漏”，及时堵塞设计漏洞。这无疑是正确的。但是 BIM 的作用还远不止于此。

BIM 的现用全名是 Building Information Modeling——建筑信息模型，其实它原来和应该用的全名是Building Information Management ——建筑信息管理。据我所知，他的创始人是澳大利亚的 W.米切尔(William Mitchell,曾任美国加州大学洛杉矶分校建筑系教授以及麻省理工学院建筑系主任。

米切尔认为:建筑设计也是一个建筑信息的积累过程，它可以依靠计算机的辅助，把建筑物从方案构思到设计—建造—使用—拆除的“生老病死”全过程（全寿命）都用一种统一的建筑语言在计算机中保存，成为一项多功能的建筑档案。

三维施工图是这份档案的重要组成部分，但不是全部。我们需要建筑从策划开始到拆除全过程的记录档案。

要建立完整的建筑 BIM 系统，需要政府、企业、设计、施工、使用单位的协同，这是一个宏大的事业，或许要在下一世纪才能实现，但它是必然能够也需要实现的。

以下是来自英国的部分资料，可供参考：

英国国家建筑科学院（National Institution of Building Sciences）的定义：BIM 的最佳理解是：对某一设施的物理及功能特性的数字表达以及对某一设施信息的共享知识来源。它是设施的全寿命（从最早的构思到拆除）中做出决策时的可靠基础。

M. Richards 与 M. Bew在2008年提出一个“BIM成熟图（BIM Maturity Diagram）”，认为BIM的推广可经过以下5个“成熟层次（level）”。

层次0：在有关单位为设计制造（建造）使用二维CAD。

层次1：制作二维及三维信息，如建筑师在设计方案阶段表示构思方案用。在这一阶段，使用者只是一个单位，成为“单独的BIM（lonely BIM）”。

层次2：设计综合组（Integrated Team）所有成员都用同一三维模型，此时设计工作应由综合组联合进行。

层次3：这一阶段要求有必要的辅助软件对设计进行专题检查，防止由设计差错产生的浪费及低效。专题检查可包括：

——设计的环境效益。

——设计的造价估算。

——施工与维护阶段的卫生及健康条件。

——资产管理。

到这一阶段，就要求进入“综合BIM（iBIM）”，得以对项目所需的时间（4D）、费用（5D）、设施管理（FM,6D）进行评估。

在 BIM的开发和应用过程中，需要相应地对设计组织、法律关系（专利等）、有关规范等配合调整。

第二卷

我如何阅读城市与建筑

对建筑阅读理论的一些理解

阅读——作者与读者的隔墙对话

01 阅读——隔了一面玻璃墙的对话

建筑理论一分为二

我认为建筑理论应当一分为二：

一是创作理论，面向创作者（建筑师）。

二是阅读理论，面向广大公众。

我对创作理论的理解，是以西蒙的《人工科学》为起点的，即肯定建筑创作是个解题过程。创作灵感当然十分重要，但“天才的闪光”应当有的放矢，先要“定题”，再有创意。

我对阅读理论的理解，对阅读城市与建筑有所区别。城市是集体创作，建筑是个体创作。因此对城市的阅读要有整体观（历史观）；而对建筑的阅读，要个别对待，要“见物见人（建筑师）”。

对阅读城市与建筑的体会

阅读一本书、一张画、一栋建筑、一座城市……都是一种对话，一种在创作者和阅读者之间隔了一面玻璃墙的对话。

如果面对一面玻璃墙，你必然发现，可以看到对面的一切，同时，也隐隐约约地看到自己的反影。二者叠加在一起。

阅读就是如此：作者要把作品客观地传达给读者，但在传达中必然掺杂了他自己；而读者要理解作者的创作意图，也不可避免地掺杂了自己的观念。

阅读一本书、一张画、一栋建筑、一座城市……无不如此。

最后还是要合而为一

创作与阅读，建筑师与公众，最后必然要融为一体，其纽带就是建筑评论。

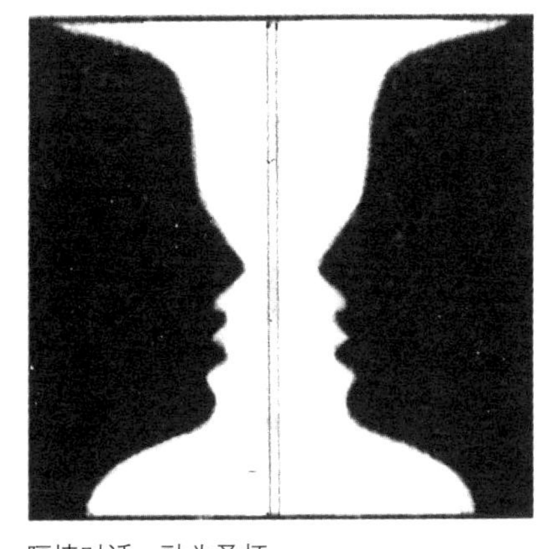

隔墙对话，融为圣杯

02 我阅读城市的过程

我出生于城市，长大于城市，年轻时出国留学，也去过一些外国城市，但总是局限于看一些标志性的建筑和著名的景点，很少从城市的总体和文化背景去“阅读”它们，现在想来，失去了不少增加知识的机会，也错过了许多乐趣。我开始滋生“阅读”城市的念头，是在20世纪80年代后期。那时我担任中国建筑学会的秘书长，有机会经常出国参加会议或有其他事务，于是就希望能更深地了解访问过的城市，最好能感触到它们的“灵魂”。

我渐渐发现，城市是人类所创造的最美妙、最高级、最复杂又最深刻的产物。尽管20世纪的“国际风格”在很大程度上抹杀了城市的特色，但是，每个城市仍然由于它独特的自然、人文和历史背景而各不相同。我要阅读的是它们不同在何处，又为何不同？ 这种“阅读”,尽管肤浅，却给我带来了许多知识和乐趣。

有人会说，仅凭几天的接触，你就想了解一个城市？我也胆怯过一阵，然而，“阅读”本身给我带来了信心。荷马的史诗，固然需要有一批精通原文的学者去研究，但是如果没有广大的读者(有的人只是读了其简写本)，它的伟大就会大打折扣。《红楼梦》也是如此，谁都有权去阅读它，喜欢宝玉，咒骂凤姐，讨厌贾政等，而不一定非要知道秦可卿是如何死的，才有资格去“阅读”。

瞬时的印象，往往带来些少有的真实性。凡是到过北京、上海、西安的外来人，哪怕每地只驻留一天时间，都会承认它们各有特点，有的还可以说出很多。相反地，在这些城市住过很久的人(像我)却对许多“特征性”的东西习以为常，反而不一定说得出太多。海明威在巴黎酒吧泡过很久，他写的《太阳照样升起》就讲的这种生活，然而，我并没有通过它更多地了解巴黎。

印象当然带有主观性。我有一位美国建筑师朋友，到过北京两次，回去后写了篇感想，说在北京体验到一种“软性集权主义”，并以从首都机场到城里的那条绿树成荫的高速公路为例。我走过这条路多次，可从来没有想到它和“集权主义”会有关系。这种主观性，当然是很难避免的。“阅读”书本也是如此，比如，看过《红楼梦》的人们对凤姐的印象就不可能一样。

所以，我主张更多地去阅读城市。你、我、他，像对小说、诗歌、绘画一样地去阅读自己到过的城市，捕捉最初的印象，访问它的标志，但也不忽略它的“母体”(那些林林总总的民房)；观察人们的活动，有条件时，看一两本描述它的书。你就等于上了一堂生动的文化课。

十几年中，我也积累了一些自己的“阅读”经验，形成了一套“自得其乐”的“方法学”(见本书第一卷)。我总是试图从几个方面去“阅读”一个城市：自然和人造、标志和母体建筑、最新和最老建筑、交通方式和饮食场所等。另外，我总是要访问几栋本地建筑师所设计的建筑，因为它们往往是城市“灵魂”的显现者。由此，我惊喜地发现：当我在试图“阅读”一座城市时，城市本身也总是在有意或无意地展示自己的“可读性”，有时简直到了可以对话的地步。越是珍惜自己特色的城市，这种对话性也越显得强烈。相反，那些盲目追求“现代化、国际化”的城市，却只能给人以一种文化的失落感……

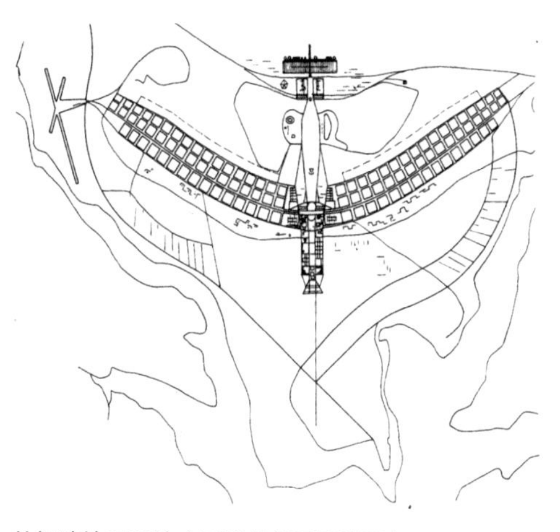

从阅读地图开始（巴西首都巴西利亚）

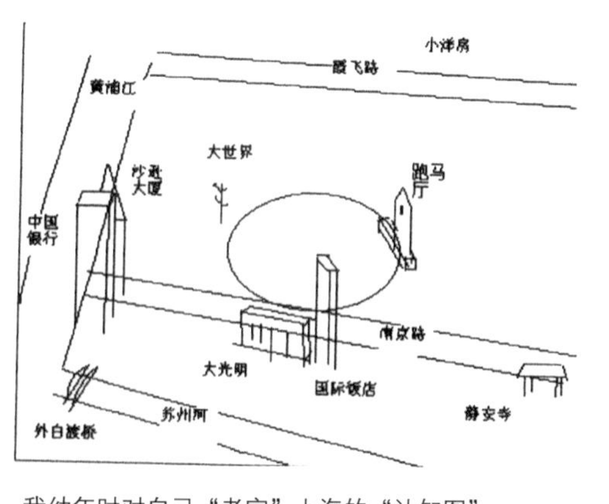

我幼年时对自己“老家”上海的“认知图”

03 我如何阅读城市

“读书”的英译是什么？Reading Books还是Reading？我赞成后者。因为人们阅读的主要对象虽然是“书”，但从来就不限于书，广而言之，音乐、绘画、雕塑、建筑、城市乃至汽车、飞机、轮船，网络信息等，当然，还有人自己，都是可以阅读的对象。他们往往比书本还要生动、丰富。

城市也确实像一本书。一栋栋建筑是“字”，一条条街道是“句”，街坊是“章节”，公园是“插画”。透过它们，阅读者见到了“人”，现在的、活着的人，和过去的、死去的人。正如丘吉尔所说的“人塑造建筑，建筑塑造人”，人造的城市也缔造了自己的独特文化。同是中国人，上海人、宁波人、北京人、广州人、深圳人，各有其特性，外国亦然。归根结底，人们“阅读”城市的目的是寻求认同(或不同)，这难道不是所有的阅读的目的吗？

我以建筑为业，由于学习和工作关系，慢慢地养成了阅读城市的习惯。每到一处，总是先要找一张地图，了解它的布局，然后寻访它的标志，观察它的建筑、街道、树木，以及人们的衣食住行，试图感受它的文化特征。久而久之，慢慢地形成了一套阅读方法。这套方法，没有什么创造性，基本上都是“拿来”的。

我的第一个“拿来”，取自美国的城市学家，麻省理工学院的凯文·林奇(Kevin Lynch)教授所提倡的“认知图(cognition map)”。方法就是让一个非专业人员根据自己的印象和记忆，描画一张本城市的地图。一般来说，他总是只记得几座标志性的建筑物（巴黎的埃菲尔铁塔、凯旋门、巴士底纪念碑等）以及最主要的马路。然而，这幅潜在于每个人头脑中的“认知图”，却成为他的一个参照坐标图，可以在没有地图的指导下寻找方向。这往往是阅读城市的第一个成果（实际上也包含了他对这座城市文化特征的初步概念）。

从某种意义上说，阅读城市与阅读书本的不同点在于，后者主要是历时性的，而前者却是共时性的。然而，如果假之以时，它也可以成为历时性的。例如，我出生在上海，幼年时,上海在我脑中的“认知图”就是由外滩、南京路和霞飞路(现在的淮海路)构成的希腊字母“π”，而现在，加上了浦东电视塔和浦西的新客站、体育中心等，它就变成了中文的“亦”字。同样，原来的北京城，是个由城墙构成的“回”字，有了三环路、四环路，就变成了双层的“回”字。于是，我不无有失公正地认为，上海究竟是一个开放性的城市，而北京却始终摆脱不了它的“围墙文化”。其实，上海现在也开始建造环路，但它始终是以放射性的路系为主，而北京则更多地侧重于环路，以至环与环之间的交通成了灾难。

有意义的是:从林奇的理论出发，一个城市学家可以找好几个人（城里人、乡下人、知识分子、小商贩、旅游者等）来分别描绘各自对某一城市的认知图,进行综合比较,就可以得出很多有意义的信息。例如,最频繁地出现在认知图上的是哪个(哪些)标志建筑？城里人和乡下人、中国人和外国人、文化高的和文化低的人，等等，他们的认知图各有什么特点？ 这些特点反映了本城市的什么文化特征？等等。

我的第二个“拿来”，取自美国康奈尔大学的柯林·罗厄(Colin Rowe)教授。他提倡用一种“图—底法(figure-ground method)”来识别(阅读)城市，就是把实体的建筑物在地图上涂成黑色（“图”），让虚体的城市空间(道路、广场、公园等)保留为白色（“底”）。

这种"图—底"法就好比为一个人拍了张全身照,或取了他的指纹。和地球上60亿人一样,城市也是各不相同的,但每种文化又有某些共性,这种共性也反映在“图—底”上。要“阅读”城市,“图—底法”是很好的工具。你不妨买一张你要“阅读”的城市的地图,把它设想或涂抹为黑白的“图—底”,再与自己的城市对比一下,就会有许多新的发现。

罗厄的一个重要理论贡献就是提出了“拼贴城市（collage city）”的概念。他认为城市是一个历史的沉淀物，每个历史时期都在这个城市留下了自己的印迹（沉淀）。他反对以“现代化”为名，对原有城市的大拆大建，其中包括对西方现代主义建筑的创始人之一勒·柯布西耶（le Corbusier）提出的“明天的城市”方案。以巴黎为例，后者设想原来的那些带了芒萨屋顶的联排住宅建筑都被一栋栋高入云霄的摩天楼所取代，空出了大片绿地，这就是现代化的乌托邦城市，罗厄则主张新旧的共存。我们可以把勒·柯布西耶“明天的城市”与原“图—底”进行对比，就明显地揭示了二者的“信息量”的不同,前者单调乏味而后者丰富多彩。所幸的是，巴黎没有接受“明

罗厄的“图—底法”（一）意大利某古城（黑为建筑，白为道路、广场与内部庭院）

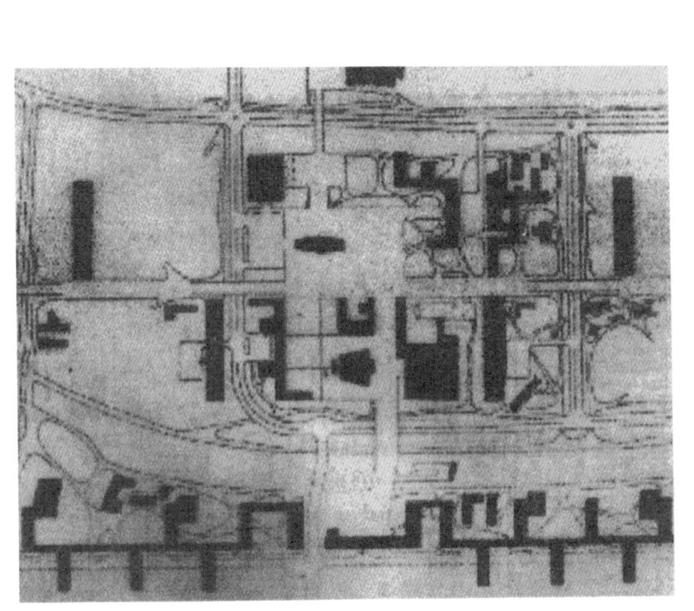

罗厄的“图—底法”（二）“现代派”心目中的“明天的城市”

天的城市”，而是接受了拼贴的形象，城市本身就成了一个绝佳的历史博物馆。

与拼贴理论相关的，是城市的演变方式。最初的拼贴理论，是以城市的渐变为基础的。历史像一条长河，各个时期的建筑就像动植物的化石那样，一点点地沉积下来，拼贴成现在的面貌。然而，近年来，生物学中的“突变”(mutation)理论也影响到城市领域。1996年在西班牙巴塞罗那召开的世界建筑师大会上，“突变”理论似乎占了上风。人们列举各种实例(包括上海浦东的陆家嘴)来证明城市的主要变迁，几乎都是突变性的。拼贴主要是多次突变的积累。

对于这一点，许多搞城市规划的人可能会有同感。我国现在的城市规划，从理论到实践，大量地渊源于20世纪50年代的“老大哥”。实践结果往往是“变化快于规划”，使许多规划在通过之日，就成为“墙上挂挂，图上画画”之物。与突变理论相关的，是“模糊地段（terrain vague）”的概念。20世纪城市规划中一个重要特征，就是搞“功能分区”，把城市切分为居住区、商业区、金融区、工业区等，最为典型的是巴西在20世纪60年代建造的新首都巴西利亚。这种做法有它的优越性，但是不能走极端。这种理论（它与勒·柯布西耶的“明天的城市”是相互呼应的）加上房地产商的利润动机，是许多历史名城遭到破坏的主要原因。后来的理论主张以人为本，城市的各个区段，都要有“人气”，要每天24小时有人在。但是，城市的突变性发展，往往使某些地段的功能突然变化，形成了“模糊地段”，在功能分区最符合“理想”的城市，这种“模糊地段”也最容易产生。例如，航空事业和高速公路的发展，使许多大城市的火车站以及它周围的服务建筑群走向衰落，成为功能模糊的地段。对于这种变化，人们可以有几种态度，一是墨守原来的规划分区不变，从而使这一地段日益破败；二是听由房地产商去再开发，弄得杂乱无章；三是由城市主管部门组织各方面的专家（包括社会学家和历史学家等）进行研究，赋予它新的城市功能，再让房地产商去开发，结果是大家得利。华盛顿的联合车站区、巴塞罗那的旧码头区、新加坡的内河边沿，都是这样做的，取得了良好的效果。我国的城市，也不乏此类地段。上海的外滩、人民公园、人民广场都是例子。外滩从殖民主义的金融区变成市政府的所在，现在又确定为对外开放的金融区，但这不是简单的恢复，上海人把这个地段改造为一个开放的景点。在这里，人们可以游览、聚会、餐饮、摄影、练功、休闲、听音乐、读报纸，人流和车流各得其所。在这里，人们面对隔江的东方明珠电视塔和陆家嘴正在升起的高层建筑，背后是经过整修的老银行大楼，过去、现在、将来融合在一起，自然产生一种自豪感，这是一个城市建设的成功典范。与之相比，人民广场的处理就略显不足。这个广场和它以前已形成的人民公园(过去的跑马场)本来可以做成比纽约中央公园更为吸引人的中心场所，但是可惜的是，一座建筑形象上并不很出色的新市府大楼把二者切断了，历史的沉积——国际饭店、大光明电影院、跑马厅都被抛出视线之外，使这里缺少了一种本来是可以借用的历史景观，令人感到遗憾。

拼贴、突变、模糊地域等概念，是我们阅读和理解城市的重要的“钥匙”。它提供了在共时性的阅读中看到历时性的途径。

巴西首都巴西利亚地标：三权广场

巴西首都巴西利亚母体：住宅

我的第三个“拿来”，取自意大利新理性派的阿尔多·罗西（Aldo Ross）。他写了一本洋洋大观的《城市的建筑学》。我看了几遍，却从未能全部读完他的那些详尽的论证，但是给我影响最深的就是他对城市构成的一个基本阐释。他认为城市是由它的标志（英译本用Landmark，里程碑）和“母体”（英译本用matrix）组成的，二者缺一不可。这个见解，虽然说出来并不新颖，但对于阅读和理解城市，却非常重要。林奇的认知图中是只有标志的，但是，每个城市中那些林林总总的普通建筑——“母体”，却始终潜隐于人们的头脑之中，成为阅读和识别城市的重要基础。人们认识老北京，除了天安门、北海白塔、前门箭楼等之外，主要是通过它的胡同和四合院来理解北京的居住文化；同样，人们认识老上海，除了国际饭店、跑马厅等之外，主要是通过它的里弄和石库门。事实上，每个城市的居住建筑形态，都是城市阅读的主要内容之一。法国的芒萨屋顶、德国带斜线的方格墙面、意大利的半圆拱券窗和外廊，乃至澳大利亚人喜用的铁皮屋顶和遮阳板等，都蕴含着许多文化信息，可以牵引出众多的联想。如果一些大城市把自己原有的、值得骄傲的“母体”群统统拆光，留下几栋“标志”建筑，且不说城市功能的失衡和破坏，就是在“可读性”上，也会变得枯燥无味。

当然还有一些可以“拿来”的东西，但是，对我来说，以上三者已经够了，我就用它们来共时性和历时性地阅读我经历的城市，从这种阅读中试图识别这个城市的文化特征。

04 我阅读城市的几个实例

实例 1 独特的魅力——巴塞罗那

加泰罗尼亚鸟瞰

加泰罗尼亚(Catalonia)，是西班牙东北角的一个自治区，也是最富饶和工业最发达的地区,有统一的语言。首府为巴塞罗那（Barcelona），其人口近600万。它是罗马人在西班牙最早的领地之一；5世纪时为哥特人占领；719年被摩尔人攻陷；8世纪又落入查理曼大帝手中；13～14世纪，它垄断了西地中海的贸易，以后又不断变迁。到20世纪初，争取民族自治的斗争在这里展开，1932年取得了在西班牙内自治的地位。

“也许它不是世界上最美丽的，也不是最好客的。它肯定不是最富有的，不是最大的，不是最老的，也不是最年轻的。然而，它的天际线隐藏了什么秘密……会使你喝了它的水之后，就一次次地想再来到此地……” ——《巴塞罗那介绍》（西班牙）

现代民居

我去过巴塞罗那几次，认为它是世界上最有魅力的城市之一。这座位于地中海西部海岸的城市，典型地体现了地中海多样化的文化个性。

地中海的水，滋育了人类历史上一些最古老和最重要的文明与文化：埃及、希腊、罗马、腓尼基、拜占庭……它们相互影响，但又保持了各自独特的个性。以巴塞罗那来说，它曾被罗马、哥特、摩尔和拜占庭人占领，但是多少世纪以来，它却以自己独特的加泰隆文化，闪耀在世界面前。

在巴塞罗那市中心，有一座哥特古城区（Barrio Gothic），围绕着高大的教堂，是略矮一些但同样是高大的府邸建筑，与教堂间夹着环形的狭窄巷道。爱好建筑的人，会发现这里的哥特风格和北方的有所不同。例如，巴黎圣母院里面是一片幽暗，为的是与外界尘世隔绝；但这里的教堂内，却有多个植物庭院，尘世延伸了进来。附近一些高大的府邸上部，有通风廊道。这些特色可能是受海洋气候的影响，但也有人文的因素。在假日正午，教堂前聚满了人，歌舞升平，热闹非常。

巴塞罗那哥特古城区

萨格拉达教堂

巴特罗宅邸

米拉宅邸

居埃尔公园

然而，哥特区并不代表这座城市的特色。在四季如春的巴塞罗那，可以观光的地方委实不少。除了古城以外，这里有已改为博物馆的老宫殿，有集中了加泰隆民居的展览馆，有整治一新的码头区，有毕加索和米洛的纪念馆，有奥运会雄伟而现代的体育场馆，有丰富多彩的雕塑公园，有充满人气的漫步大道等。逗留几天的人几乎无法遍访这一切，然而，有一处是任何来访者都不愿意放过的：这就是高迪设计的建筑。它们像画龙点睛似的，烘托和提示了整个城市的个性，透露了它的秘密。

人们称巴塞罗那是“高迪的城市”。的确，我敢说，如果没有高迪(和高迪的精神)，巴塞罗那将只不过是一个普通的工业城市。

高迪留下的建筑不少，最有名的当然是他后半生倾全力设计的萨格拉达教堂，这座象征巴塞罗那郊外蒙特塞拉山的尖塔和上面的神奇雕塑，确实是人间少有的精品。它的未完状态其实也带有某种象征意义，说明人的创造永远是没有止境的。

如果说萨格拉达教堂给人以敬仰的心情，那么高迪的其他几项创作，虽然都带有一种神秘色彩，却更多了一些亲切感，特别是他的居埃尔公园、米拉宅邸和巴特罗宅邸。

居埃尔公园在它1914年建成时还处于远郊的山脚边，现在城市已向北延伸到它的脚下。公园外是用碎瓷砖铺贴的石墙，大门口两侧的门房和接待室是两栋奇特的小塔楼，引人入胜。进门以后，有两条石阶夹了中间泉水，水上有各种加泰隆的标志，包括一似蛤蟆似蜥蜴的神兽。拾阶而上，就进入了一座柱列式的殿堂。据说，它原来准备用作市场，但是庄严的多立克柱式给它带来了一种神圣的气氛。这些柱列成了上面平台的支托，在这个被称为“希腊剧院”的平台上，人们能居高临下地眺望城市和远处的大海。在这个不规则形的平台周边,是由高迪的助手胡霍尔（近年来，人们已几乎把胡霍尔与高迪并提）设计的蜿蜒坐凳，它靠背上的彩色瓷砖配成了多种神秘的图案，加上山脚下开出的洞穴，整个公园给人以一种进入仙境的感受。

米拉和巴特罗宅邸位于巴塞罗那最美丽的格拉西亚大街上，相对而立地坐落在一个广场的对角。大街是19世纪下半叶由城市总工程师舍尔达（Cerda）规划的爱尚普里区的主要干道。这个规整的棋盘形布局的城区可能是19世纪末叶欧洲城市建设的典范。宽敞的路面使今天的汽车能从容驰过;沿着大街是两列联排式的房屋，除少数高出的塔亭外，建筑的高度基本一致，但是每栋建筑的立面设计却各有特色，细部特别丰富而引人。大街两边的人行道特别宽阔，许多路边饭店就在人行道上放了小桌，供游人休息、喝咖啡和欣赏街景。

高迪的两栋斜角相对的建筑就“规矩”地站在规划要求的联排房屋之间，但是它们的波浪形立面马上就吸引了行人的目光。米拉宅邸的立面是浅色的，远看像是固定的垂直海面；中间穿孔般的窗口却是规则的，这就是高迪把浪漫主义和理性主义结合的典型表现。其对面斜角上的巴特罗宅邸的立面则是深色的，给人以流淌的火山岩的感觉，它的阳台像是化装舞会上的面具，但它们的布局又是规则的。

走进米拉宅邸，看到的是由胡霍尔设计的楼梯、墙面和顶棚。它们具有多种弯曲、扭转、皱纹的形状和多种色彩，使人感到像是进入了一个神奇的幻境。其实，高迪建筑的结构用的多是他创造的规则型平衡骨架。我们可以在米拉宅邸顶层设立的高迪展览馆中看到一个模型，它解释了这栋建筑的屋顶看来像汹涌起伏的波涛，其实是一根水平移动的直线沿了一根固定纵轴上下有规则地摆动的结果。屋顶上圣母形象的雕塑，也不过是烟囱和通气口的伪装。在这里，高迪试图告诉人们：“规则”与“非规则”往往是内在一致的。它使人想起现代混沌学所揭示的大自然非规则性中的规则性。

然而，在巴塞罗那，尽管高迪的建筑手法（包括他“理性”的平衡结构体系）在他去世后就终止(胡霍尔在巴塞罗那以外还做了一些设计)， 但是高迪的那种加泰隆的独立精神却始终存在，我们特别要提到艺术家米洛所做的贡献。在西班牙法西斯独裁者弗朗哥统治时期，加泰隆人顽强不屈地进行了抵抗。在弗朗哥垮台以后，这种民族和独创精神又以新的力度再现，使20世纪后期的巴塞罗那出现了许多新的气象。

这些新气象中，包括了1992年的奥运会。它留下了一批标志建筑，包括由日本后现代派建筑师矶崎新所设计的采用了当时最先进的结构技术的体育馆。 但是，给我印象最深的是由西班牙建筑师／工程师卡拉特拉瓦（Santiago Calatrava）设计的运动会标志。它以优美的建筑形象和先进的结构体现了高迪的精神和传统。

和当年的舍尔达一样，巴塞罗那的总规划师奥依厄尔·博依霍斯对巴塞罗那的改造起了重要的作用。他提倡对城市进行“碎片”式的更新，特别是对那些由于社会和科技的发展走向衰落的“模糊地域”。我看到的一个实例就是加泰隆景观广场。它位于一火车站的前面，下面是个地铁车站。在这里，广场被改造成一个供市民休憩的场所，看来空旷，却布置了一些被象征式“浓缩”成符号的景观标志。在它附近大桥边上的陡坡荒地，被开拓为新的工业公园，加上沿桥设置的塔形雕塑，给这个地域带来了新的魅力。与此相似，旧码头区被改造为高新技术集中的会议厅和电影院的汇集区，得到新的生命。在这里，人们又可看到卡拉特拉瓦的杰作。

米洛博物馆

奥运会纪念塔

尽管加泰隆人有强烈的自豪感，他们却不排斥外来的影响。在巴塞罗那，可以看到许多国际建筑大师的作品,除了矶崎新的体育馆外,这里近年来还建造了英国N. 福斯特（中国香港汇丰银行和新国际机场的设计师）设计的电视塔、美国建筑师R. 迈耶设计的现代艺术馆等优美建筑。

巴塞罗那另一特色区是漫步大道（La Rambla）。这是一条宽阔的步行街，它的特点是人在中间走，汽车在漫步道两侧的狭路上行驶，再边上是普通的人行道和临街小店铺。在中间的漫步道上，有报亭、花店、咖啡座，还有一批活人雕塑（人打扮成小说和戏剧中的人物，如堂吉诃德等），可以和你会话握手。这里每天有上万人在“漫步”，领会着安步当车的乐趣，一些比较清闲的人也愿意把车开到这里，慢慢地爬行，“与民同乐”。

巴塞罗那有许多该去的地方我没能去,它是一本我没能读完的书。 但是短促的阅读却告诉了我它的魅力来自何处：这就是一个城市必须不断更新，在更新中既要开放性地吸收外来成就，又要始终顽强地保持自己的个性。这就是高迪的精神。地中海许多城市的吸引力，正是蕴藏在它们那些丰富多彩的个性表现之中。

传统民居

现代民居

实例② 仙人掌与麦古艾草的故事
——墨西哥城

在仙人掌和麦古艾草相遇之处，我的心和墨西哥交缠在一起。

—— J. A. 米切纳（美）

墨西哥城的中央大广场及周边古典建筑

巴西利亚和堪培拉是平地而起，并且是单纯 (或近乎单纯) 的首都城市。墨西哥城则相反，和其他许多首都一样，它是多功能的中心城市，并且是渐进式地发展的。

墨西哥城是墨西哥合众国的首都，人口超过二千万，是世界人口最多的城市之一。14世纪由阿兹台克人在此建设城市， 16世纪西班牙人侵入， 征服阿兹台克人，在废墟上建立新城，与阿兹台克人混居。19世纪末开始现代化建设，现在是全国的政治经济和文化中心。这里人口密集，地震频繁，交通拥挤，空气污染严重，但是仍然每年从全世界吸引了大批游客，虽然不少是路过，但它本身确实具有相当的魅力。

我去过墨西哥城两次。第一次是路过，只停留了两天，住在城郊的新华社，主人热情地接待我们，带我们出去观光了一天。我只记得去了一个奇大无比的中心广场，有皇宫、大教堂等；一条传统西班牙式建筑的老街，一条

民居内院丰富多彩

有许多现代建筑的新街，还有一条环形路，沿路有大幅民族壁画的墨西哥大学主楼和丰富多彩的热带植物园（许多中小学生由老师带来，认真地在本子上做着记录）。城里的民居多数是内向型的，看到的只是白色的外墙，不进去就感觉不到其特色（北京的胡同和四合院也是内向的，但大门和照壁却是有外向信息的）。与我们去开会的历史名城瓦哈卡相比，它给人的印象决然相反，后者的文化信息异常突出和明确，而这里却使人摸不到头脑，就好像在读一部百科全书，只感到一个“大”字；主题、结构、节奏，都难以体验。它给我的印象是只能体验，无法阅读。

第二次也是开会，这次是在墨西哥城开，并且住在市中心。于是我下了决心要设法对这个城市“读”出一些名堂来。我惊喜地发现：当人们在自觉或不自觉地阅读城市的时候，许多城市也在自觉或不自觉地提高自己的“可读性”，甚至到可以和你对话的程度。墨西哥城即是一例。

我开始阅读房间内配置的印制精美的导游画册，在这里，我发现了一把解读的钥匙，忽然领会了一个“泱泱大城”如何提高自己可读性的诀窍。

为了使外来人较快地了解（阅读）自己的城市，墨西哥城把内城的几个关键地区赋予花和颜色的名称，并努力发展它们各自的特征。例如，我们所住的旅馆属玫瑰区（Zona Rosa），是粉红色的。此外，还有紫、兰、黄、黑等区。按计划，玫瑰区要成为一个幽雅的行人区，这里除几家知名的旅馆外，有一系列特色小餐馆、小商店，路边绿树成荫，建筑带有欧洲民居特征。稍走几步路，就到了宽阔的改革大道，交通方便。这里成为许多国际会议的居住场所，绝不偶然。

不同色彩和花种的城市分区

改革大道

改革大道犹如北京的长安街和上海的南京路，横贯全城东西，把城市拦腰切断，配上绕城的环形路，就像中国古文字中的“日” 字，几种花色的特征区，就散布在它的两侧，由地铁和地面道路相互联系。这个大道当初是仿照巴黎的香榭丽舍大道建设的，两边是历代建造的重要公共建筑，具有明显的历史积淀性。路中央有绿岛、雕塑、纪念碑等，是全城的大动脉。大道的东北是古城所在，也就是我上次到过的奇大无比的广场，现称宪法广场；西北（或整个城西）是公园区，内有闻名于世的国家人类学和历史博物馆，据说一个星期也看不完。对我来说，由于时间关系，只好留下遗憾了。玫瑰区在大道南侧，淹没于大片民居之间。

我利用会前的一天去参观城外的特奥蒂华坎金字塔城，心想，这里或许能找到城市和民族的“根”。我发现，这是一座完全死去的城市（据说人口曾到达过 20万），在这里看不到历史的积淀，好像它是一天中建成，又一天中死亡。站在城市一端的月亮金字塔的台阶上，面临着宽阔的广场和“死亡大道”以及大道一边较小一些的金字塔和另一边硕大的太阳金字塔，我似乎感觉到了死亡的意义：一切都突然中断，一切都变为静止。我知道：墨西哥和一些拉美国家的古文化，如玛雅、印加等，都发生过没有找到解释的突然死亡和历史中断。这种断代性的历史文化特征，是我们生活在连续性历史中的中国人很难体会的。

在这里，我和我们的导游（一位纯朴的墨西哥人）发生了争论。我说，在这个城市中，月亮的地位高于太阳，这也是月亮金字塔处于比太阳金字塔更重要的位置的原因。他嘲笑我的无知。我指着解释文字为证，它说太阳被月亮打败而死去又活来了四次。我说，月亮象征死亡，太阳象征生命，在这座城市中，死亡占主导地位。他坚决反对我的解释。在这个辩论中，我滋生

从月亮金字塔看死亡大道

月亮金字塔

太阳金字塔

死去的村

了一个不成熟的想法，从民间传说中能否看到两种生命观：一种是我们许多东方人(特别是印度人)所有的，即生命的连延不断；另一种是这里人所有的，即生命的不断终止和重生。我们一边辩论，一边由他带领到死城外的一所手工作坊。

在作坊中，主人向我们演示了麦古艾草（一种剑麻）的综合加工。这是墨西哥遍地生长的一种植物：它可以提供食料，可以酿酒，表皮内一层薄膜可以做纸，纤维可以织布，简直一身是宝。我喝了一口酒，才回忆起上次在墨西哥的一次宴会上几乎醉倒，就是喝了这种貌似平淡，内劲强烈的酒。和国内的导游一样，这里的导游把我们带来是要我们买主人做的工艺品。我买了个泥制的鱼形小烟灰缸，才算过了关，但衷心感谢他使我体会到另一种生命和死亡观。这个问题，将长久地盘踞在我的头脑中，寻求着满意的答案。

生气勃勃的麦古艾草

这样一来，城市的主题和结构，在我脑中终于形成了一个概念，使我能进一步去观察和了解它的建筑。然而，墨西哥城却并没有给我太多的政治首都的感受，而更多地觉得它是一个文化教育和商业中心。特别是，它让人看到了墨西哥丰富多彩的文化的方方面面。

如果说，城外的金字塔城象征了死亡，那么，整个墨西哥城就显示了生命。我们的主人，国际建筑师协会主席，一位墨西哥女建筑师，在紧张的会议期间，带我们去了一个独特的场所：城市的水源地和自来水厂。

谁能设想，一个城市的水源和自来水厂，竟能成为一个城市公园。一栋具有纪念性的古典式建筑覆盖着地下的水渠。建筑前面，是一个带有雕塑和喷泉的水池。主人告诉我们，这里隐现于水面的雕塑，是一条水龙，它是墨西哥名艺术家里维拉的作品，象征着生命的泉源。我们沿池行走，看到龙脚龙爪龙尾，中间透过喷泉的水雾能隐隐约约看到龙头。人们可以在这里游览拍照，

墨西哥城，城市的水源地和自来水厂

旁边有值班的警卫。我不禁钦佩城市的这种安排。

墨西哥城内的公共建筑，可以分三个时期：西班牙征服时期的欧洲风格建筑、20世纪中叶的“国际风格” 现代建筑和墨西哥建筑师创作的具有强烈墨西哥特征的当代建筑。

路易·巴拉甘（Luis Barragan，1902—1988）生于墨西哥瓜达拉哈拉，他在学校主攻的是工程学，但又自学建筑学。20世纪20年代去法国和西班牙游览，并在1931年短期定居巴黎，听课于勒·柯布西耶。1951年去摩洛哥访问，因此对地中海文化很熟悉，他的设计事务所先设在瓜达拉哈拉，后移至墨西哥城。他在设计中特别重视景观，并带有一种宗教的神秘和宁静气氛，他的设计影响了后三代墨西哥的建筑师。

20世纪中，有两位拉美建筑师得到过被称为“建筑诺贝尔奖”的普里茨克奖：巴西的尼迈耶和墨西哥的巴拉甘。我没有亲眼见到巴拉甘的作品，但是在图册上见到的形象则使我倾倒。他的建筑是直线、方块，加上鲜艳的单色，再配上潺潺流水，实是美不胜收。

在他之后，墨西哥又涌现了一批富有特色的建筑师。主人带我们去了建筑师赫南第斯的设计室，它处在峭壁边上，建筑像一座灯塔，要从半中进入赫南第斯热情地在塔内接待了我们，还带我们去了一座他新设计建成的建筑，在这里，金字塔和方块并列，正方立面和大圆窗交叉，和他所设计的一批住宅、办公、展览建筑一样，有的和地形结合，有的屹立于地面，显示了罕见的自由度和几何性。与他相应但又不同的是建筑师扎布鲁道夫斯基的作品，他喜欢用惊人的大跨度梁来表示对墨西哥地震的藐视，从另一手法体现了自由度。自由，这是墨西哥和许多拉美建筑的特征，这是不是一种民族性格呢？

建筑大师巴拉甘的建筑作品中的水与色

赫南第斯的设计室

扎布鲁道夫斯基的墨西哥学院

然而，我个人更喜欢的是继承和发扬了巴拉甘风格的莱戈雷塔。他是墨西哥跨出国境的一位具有国际声望的建筑师，近年来累累在国际建筑界获奖（包括1999年国际建筑师协会和2000年美国建筑师学会的金质奖）。在美国洛杉矶市中心，可以看到他设计的潘兴广场；在德克萨斯州的荒野，有他设计的IBM总部之一。当然，他的更多设计是在墨西哥本土，包括在墨西哥城内。他的设计，和巴拉甘的路子相仿，用直线和方块的体形和体量产生力量感，用颜色和光线来进行柔化，并且往往用实体与流体（水）的相互衬托来创造一种亲切的意境。他很少用高级材料，而更多地采用地方材料，给人以与自然融合而又突出的印象。我在阿根廷听过一次他的报告，结束时上千名以青年为主的听众为他起立鼓掌和欢呼，视他为英雄，这种场面我很少在其他地区见到。

莱戈雷塔的艺术宫

莱戈雷塔的新教堂

后来，我在美国名作家 J. A. 米

切纳的小说《墨西哥》中看到这样一段话：“在仙人掌和麦古艾草相遇之处，我的心和墨西哥交缠在一起。”他解释说：“仙人掌是孤独的猎人，而麦古艾草则是那些建造了金字塔和装饰了大教堂的人的灵感来源。前者是男性的，在墨西哥生活中起着主导的作用，而后者是女性的，她是潜在的，最终取得胜利的征服者。”这段话，部分地解答了我和墨西哥导游人的争论。麦古艾草是墨西哥生命的源泉，它和仙人掌一起，哺育了墨西哥人的自由精神，使他们度过了生与死的交替，而屹立于自己的国土上。

时间虽短，我毕竟学到了一些使城市提高其可读性的途径，对我来说，这里也给我带来了许多似已破解却未破解的问题，似已相识却未相识的城市本性。也许，正是这种未能穷尽的状态，才是阅读城市的乐趣和意义所在。

仙人掌与麦古艾草（墨西哥精神象征）

 一组优美的诗——圣彼得堡

我爱你啊，彼得的创造，
我爱你端庄整齐的容颜，
涅瓦河浩浩荡荡的急流，
它那大理石砌成的两岸，
我爱你围墙上铁铸的花纹，
你那深沉静寂的夜晚……

——A. 普希金（俄）

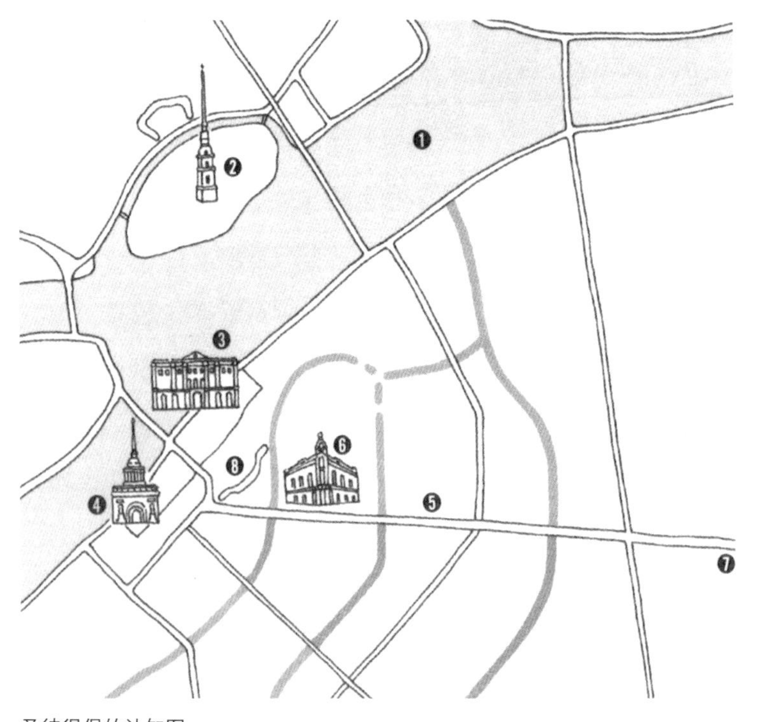

圣彼得堡的认知图
❶ 涅瓦河 ❷ 彼得与保罗要塞 ❸ 冬宫（现艾米塔什博物馆）
❹ 海军大厦 ❺ 涅瓦大街 ❻ 书之家 ❼ 火车站 ❽ 冬宫广场

比喻不可绝对化，但在阅读城市中，我总是情不自禁地要把城市和文学形式对比，例如：把墨西哥城比为百科全书，把洛杉矶比为散文集，把芝加哥比为历史小说，同样，我把圣彼得堡比喻为一组诗，一组带浪漫气息的诗，并力求探索它的浪漫性从何而来。

圣彼得堡建立于1703年，在1712年成为俄罗斯首都。1914年改名为彼得堡，1924年列宁逝世后改为列宁格勒，1991年又恢复原名——圣彼得堡。

正如到中国来的人，总要访问北京和上海一样，去俄罗斯的人，也总想访问莫斯科和圣彼得堡。北京和莫斯科确实有某些共性：两者都是历史古都，在这里，政治性特别强，它们的城市格局和建筑，都可以说是浓缩了的政治。与之相反，上海和圣彼得堡，尽管也发生过震撼世界的政治事件，但却肯定不是政治城市。除了这点之外，二者的共性就不很显著了。老上海人可能对自己的城市有浪漫感情，但毕竟不同， 上海比圣彼得堡要更为庞杂，其特征很难用某一个性来概括。

一个城市的浪漫性，和人一样， 既取决于它的外在仪表（城市布局、建筑、 绿化、 道路等），又取决于它的内在气质。应当说，后者是决定性的，前者是它的反映。

圣彼得堡的浪漫气质，来自它的历史、地理和人文特征，它们互为因果，又互相补充，以至在世界上，与之类似者就寥寥可数了。

从历史来看， 圣彼得堡至少经历过三件大事：18世纪初彼得大帝在此建城，20世纪早期的十月革命以及中期的反法西斯卫城战。这三件事性质尽管不同，但有一个共同点：它们都是在常规条件下认为绝无可能做到的事，没有一种浪漫注意的气质，是不能实现的。

正如普希金在《青铜骑士》一诗中的描述：这里本来是片荒芜的土地，只有几座芬兰人的村庄。当彼得大帝决定在这里建造一座通向外海的城市时，连最普通的建房材料都无法解决，只能采取“石头税”的办法，要求来到此地的人们每人至少要带一块石头来。今天，当人们看到那些巴洛克式的宫殿和府邸时，实难以想象当时的困境。在郊外的彼得霍夫宫，最打动我的不是那些金光闪闪的雕塑和踏步式的喷泉，而是彼得的狭小的卧室，墙上贴满了画有西方国家著名船只的瓷砖。这是个被视为“疯子”的皇帝，然而他的浪漫主义理想却创造了历史的奇迹。

现在人们到当年十月革命取得胜利的冬宫时，几乎已完全看不到这个震撼世界的事件的痕迹了。当时布尔塞维克的武装优势并不明显，列宁是在党内不少人的反对下，善于运用有利的时机发动了革命而取得成功。几年前才重见于世的由爱森斯坦导演的充满浪漫主义气息的电影《十月》生动地描述了当年的情景，比我们所熟悉的《列宁在十月》要真实，也更好看。

20世纪40年代，希特勒大军压境，原以为不几日就可以攻下列宁格勒（圣彼得堡）和莫斯科，没想到前者在重重包围下竟坚持了 872天，人民宁可饿死，也不屈服，一直战斗到最后胜利。

世界上有几个城市经历过这种事件！

从地理上说，圣彼得堡也得天独厚。大、小涅瓦河贯穿城市，赋予了它“北方威尼斯”的称号。然而，它也具备了“南方

火车站广场（白夜）

威尼斯”所没有的自然财富，这就是它的“白夜”。读过陀思妥耶夫斯基的《白夜》或看过改编的电影的人都必定为它的浪漫气息所迷恋。我们在访问时，尽管主人好心地劝诫不要夜间出门，但仍然克制不了走上涅瓦大街的冲动，哪怕是瞬息也好，去体验一下这个在“南方”所见不到的奇景。

书之家

从人文上说，圣彼得堡充溢了文化气息。普希金的诗章累累赞美着这个他生死与共的城市，而果戈理的《涅瓦大街》和《外套》以及陀思妥耶夫斯基的《罪与罚》给圣彼得堡的大街小巷赋予了既现实又带有某种神秘感的深刻印象。现在，这个城市，几乎到处都是博物馆和历史文物，包括了由冬宫改造而成的世界最大美术馆之一的艾米塔什博物馆。这里也有首次公演过歌剧《鲍里斯·戈杜诺夫》和话剧《钦差大臣》的剧院。

在这种历史、地理、人文因素

的综合作用下，这个城市的浪漫主义气质也在它的城市和建筑形态中烘托而出，这就是它的韵律感。

首先，圣彼得堡从城市（至少是它的内城）布局和形态上就给人以诗的感觉，这里的街道、河流、建筑的组合好像一首格律诗那样，有着自己的格局、节奏和韵味。在这里，横贯城市的大、小涅瓦河就像道路一样整齐有序，让各有特色的桥梁（及两端精美的雕塑）创造出不同的意境。建筑物的高度大体取齐，但又容纳了18世纪以来不同历史时期的主导风格，有所谓俄罗斯巴洛克风格、有地方化的古典主义、有新艺术运动的和装饰艺术风格的，也有俄罗斯正教风格的点缀，就像韵律诗中出现的精彩字段，令人回味叫绝， 但这许多变化都是偏向于浪漫性质的。在这里，使人惊讶的，就是它的许多特色建筑，并不像有的城市那样，集中在一区一段，而是像有一双无形的手，把它们均布在各个地段和角落，从而更加强了它的格律感。

卡赞大教堂

当你漫步在果戈理用淋漓尽致的笔墨描写的涅瓦大街，就像是在阅读一本欧洲近代建筑史。最引人注目的是 18世纪建造的市政厅的红色塔楼，它无形中成为大街的中心建筑。然而，作为城市杜马（议会）的集合场所，它却很少有“官气”，而富有市民性。往前走是古典的卡赞大教堂，肃穆的建筑用两条曲线柱廊像伸出双臂般地迎接路人，所形成的广场给人以亲切感，冲淡了主建筑的严肃性。大街上至少有三栋吸引人的建筑给整条街再增添了轻松气息：20世纪初建造的新艺术风格的大书店（可能是世界上最大的书店之一）， 以转角顶上的地球显示了建筑的内容；相距不远的同一建筑风格的食品公司，转角上设置了几座大型雕塑；又稍隔一些距离是杂交风格的歌剧院。于是，政治、宗教、书籍、戏剧和食品都排列在一条街上，却又如此交融，实在令人叫绝。

最妙的是，尽管知道冬宫就在近端，但是在大街上却看不到。只有走近路端时，才出现一条斜支，引向一座雄伟的拱门。穿过拱门，豁然开朗，出现了冬宫前的大广场和雄伟的宫殿本身。这种规划手法，也是非常独特而富

冬宫（艾米塔什博物馆）

有诗意的。

我们印象中的冬宫，往往就是电影中描写的“攻打冬宫”场景，在这里，革命军冲破政府军在广场边布置的临时战壕，沿着大楼梯向上，迫使临时政府宣布投降。现在，这些情景已不再可见，冬宫已改造成世界最大的美术馆之一，它珍藏的油画雕塑，一整天也看不完。

站在从涅瓦大街延伸而跨越大涅瓦河的大桥上，向左可以看到当年彼得大帝建造的“堡垒”和其中带尖顶的教堂；向右，就是缔造人类近代历史的、典型俄罗斯巴洛克风格的冬宫（现在全部用作博物馆），过大街则是又一个金色尖顶的海军大厦。看着脚下滚滚的河水，不能不使人遥想当初彼得用“石头税”来建造这座英雄城市以及建立俄国海军的艰难情景。无怪斯大

海军大厦

青铜骑士（彼得大帝）像

林后来要把这种尖顶作为“民族传统”移植到莫斯科的高楼顶上， 作为首都的至高标志。

更令我赞叹不已的，是大街上多座精致无比的桥梁（据说全市有800多座，两端均有精美的雕塑）以及沿河手指般的支路。在这些支路上你又可以发现许多建筑珍品：竖立了普希金雕像的艺术广场、灿烂装饰的复活教堂、凯塞林大帝塑像和其后的亚历山大大剧院等，有百花争艳之态。

走出圣彼得堡市，向西乘车经过森林和工厂区，就到达著名的彼得霍夫宫（夏宫）。这里有金碧辉煌的宫殿、壮丽雄伟的台阶和各级喷泉上的金色雕塑、稀密相间的树木和草地、几何形的路径，它是欧洲最美丽、最豪华的园林宫殿之一，但这都是彼得后人的“业绩”。而彼得大帝本人的卧室却处在一栋朴素而精美的小屋中，室内放着地球仪，墙上的瓷砖画满了各种军舰。在这里，面对着静悄悄流过的河水和对岸稀疏的村屋，彼得构思着自己的强国梦。圣彼得堡这个城市，正是他梦想和雄心的一部分。

我在阅读圣彼得堡时，意识到一座城市一旦形成，就像一个成长中的孩子一样，会有一股潜在力量，使它自然地追求生成自己的个性。在这里，为数众多的建筑师在建造每栋建筑时，似乎有着一种共同的约定，而又各自展示着自己的个性，结果使整个城市形成了诗一般的格律，协调而又充满惊人的语汇，汇聚成一种“集合的个性”。人们如何去识别、孕育和把握这个冥冥之中的个性呢？在圣彼得堡，或许能找到一些答案。

小涅瓦河的内城河道

夏宫阶梯雕塑

夏宫一景

彼得书房

实例④ 阅读城堡
——东、中欧三国部分见闻

布达佩斯

2008年初，我有机会去东、中欧三个国家旅行，时间不长，见闻不少，特别是通过那里的城堡建筑（加上自己过去在西、北欧见到的），增加了不少知识。

我喜欢城堡，最初是出于对建筑艺术的欣赏，它们显示了一种童话美；后来再从它们的历史文化意义去了解，才知道城堡是中世纪欧洲的象征，它告诉我们什么是欧洲的封建主义，它与中国的“封建主义”有何异同。

据资料介绍，在欧洲较早出现的（如在古罗马时期）是从军事需要出发而建造的“堡垒”（fortress），后来演变为“城堡”（castle），它是封建领主及其军事势力的根据地。

有一本一位希腊作者写的描写史诗与建筑关系的书（《史诗空间——探寻西方建筑的根源》，以下简称《史诗》）中有一章专门讲（欧洲的）城堡，并从德国史诗《尼伯龙根之歌》的描述中把古老的城堡分为三类：①“与城镇交错在一起”的城堡，例如史诗中位于德国的巩特尔城堡；②几座城堡的集合体——堡垒式的城堡，例如史诗中位于冰岛的布伦希尔特城堡；③有宏伟大厅（可容纳几千人）的军事城堡，例如史诗中位于匈牙利的匈奴王爱策尔（即阿提拉）的城堡。

就现有实物而言，上述第一类可见于匈牙利布达佩斯和捷克的布拉格；第二类可见于我以前访问过的丹麦哥本哈根。第三类描写的大厅，或可见于丹麦的克隆堡，但是《史诗》的作者也认为，说它们可容几千人规模实属可疑。

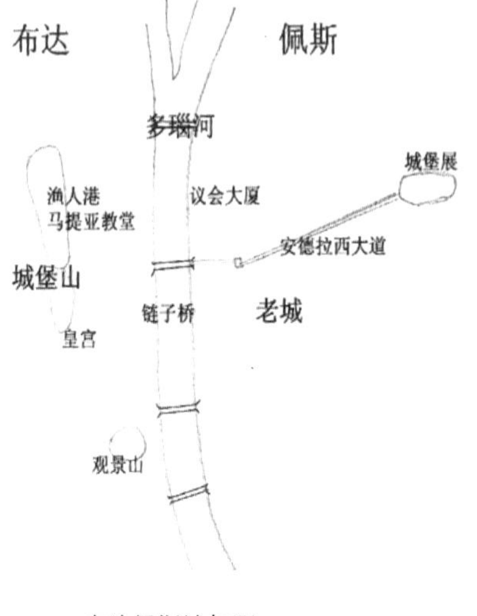

布达佩斯认知图

我这次旅行的第一站是匈牙利，它夹在东西强国之间，历史上累受欺凌。翻开史书，它的历史特别复杂，政权更替频繁，城市屡遭破坏，不断破坏，又不断重建。我在20世纪50年代在北京听到一位苏联英雄将军讲他如何解放布达佩斯。当时德国法西斯把多瑙河上8座桥梁全部破坏，他率领军队从东岸佩斯强渡过河，攻克西岸的布达。后来知道，这次战争中建筑（包括旧皇宫）的损坏与人口的伤亡极其惨重。

到了布达佩斯，我像看到一个地质断层剖面那样地看到一个由多时代建筑风格积淀而成的英雄城市。它的每次重建都既

保护原有建筑，又在新建筑中吸取了当时的新风格，于是在这里可以看到新古典主义、民族浪漫主义、新巴洛克主义、土耳其风格、犹太风格等和谐共处，乃至有联合国教科文组织评为世界文化遗产的安德拉西大道等城市与建筑珍宝。只有珍惜自己的历史，又能吸取外来新风格的民族，才可能做到如此精彩。

布达城堡山现貌

布达佩斯鸟瞰（多瑙河）

我住在布达的多瑙河一侧的一家小旅馆，出门顺坡蜿蜒而上，可以登临古老的城堡山。一路上是石铺道路，两侧是二至五层的联排式住宅，各个时代的风格均有，形成一个优美的住宅区。到了高地，就见到灰色石砌的有圆锥顶的圆筒式碉堡，这就是建于19世纪的渔人港。它占据了旧城堡的一角，成为建造于15世纪的马提亚大教堂的前庭广场。我从这里就已经进入了横亘布达高地的城堡山的北部。

城堡山从北到南延绵约1.5km，现在历代加固的围墙仍在，围墙内南端是多次遭到破坏的皇宫（最早建于13世纪，多次被破坏重建，现有的是1950年建的，用作国家图书馆），北部除大教堂外，还有居民区。

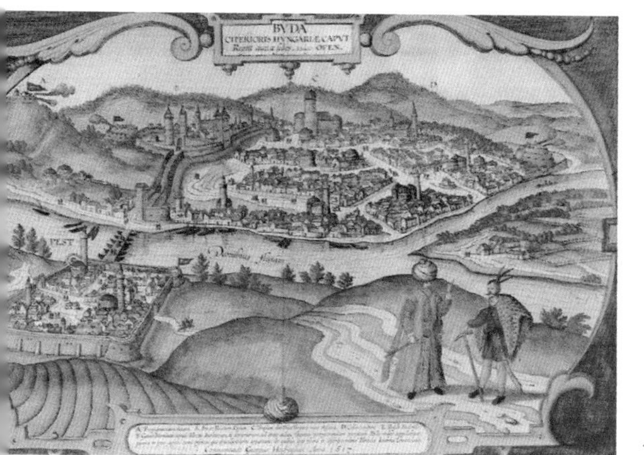

1617年版画（城堡与乡民隔离）

1493年版画（城堡与乡民接近）

到了这里，我忽然意识到自己直接目睹了欧洲中世纪封建主义社会的遗址。在西罗马帝国灭亡后，欧洲大片土地上出现了为数众多的小国家。封建领主在一批武士（骑士）的拥戴下，把占有的土地分封给臣民，再逐级下延，形成了一种金字塔形的统治体系。上级（从国王开始）给下级提供保护，下级给上级提供军事（服兵役）和经济（税款、实物）服务。下级居民又按照对领主依附程度的不同分为自由民、半自由的维莱茵（villain）、农奴等，他们有的居住在城堡中，向领主提供直接服务，有的则居住在城堡外周边地段，仍可取得保护。当时虽然有神圣罗马帝国，但实权掌握在那些小国王手中，帝国皇帝也是由这些小国王选举的。

《尼伯龙根之歌》写的就是这段历史。武士西格费尔德因屠龙成名，来到国王巩特尔的城堡，用隐身法帮他打败冰岛女皇布伦希尔特并娶其为妻，西格费尔德则娶了巩特尔的妹妹克林姆西尔特为妻。布伦希尔特与大臣哈根勾结杀害了西格费尔德，克林姆西尔特为了复仇嫁给匈奴王，并邀请巩特尔等赴宴，把他们杀死在匈奴王的宏伟大厅内。瓦格纳认为这段史诗写的是德国民族的起源，为此谱写了长达十几小时的四集系列歌剧。

布达城堡山几乎形象地再现史诗中巩特尔王的城堡。这里有两张古城堡图。第一张图是1493年的，可以看到城堡主和农民间只有一堵矮墙；第二张图是1617年的，主奴间已有两重厚墙，说明阶级关系的变化。

为了复原遭到破坏的城堡建筑，在佩斯的城市公园建造了一所展览型城堡（瓦吉达亨亚德城堡），它是在1896年博览会建造的临时展览建筑的基础上修建的。据说建筑师综合了匈牙利各地10几种城堡的建筑。虽非原物，但仍很有意义，成为当地的一个重要景点。

从看到的这些城堡的建筑艺术与技术来看，我对所谓“中世纪黑暗时期”的说法更增加了怀疑。长期以来，不少历史学家把欧洲中世纪称为“黑暗时期”，认为是从希腊罗马的民主与共和制的倒退。从20世纪以来，有许多学者已经有专著否定这种断言。诚然，中世纪有过天主教会经院哲学的思想管制、宗教裁判所的酷刑、十字军远征等，但是，总的说来，在西罗马帝国瓦解后欧洲出现的封建制（封建领主与农民间互相依存的“契约”关系）应当说是对罗马的奴隶制的一个进步。从政治制度来说，罗马的共和制实际上也只限于一些贵族，而欧洲封建制则产生了后来的议会制。恩格斯说过：“（西罗马帝国）的秩序比最坏的无秩序还坏，它说是保护公民防御野蛮人的，而公民却把野蛮人奉为救星……”(见恩格斯《家庭、私有制和国家的起源》，马克思恩格斯选集IV，人民出版社，1972， 145页)。这里的“野蛮人”指的就是来自北方的日耳曼族——《尼伯龙根之歌》中人物的后裔。

布拉格

我旅行的第二站是捷克的布拉格。与布达佩斯相比，它遭到的破坏要少，特别是它的城堡，基本上保留了历史的原样。

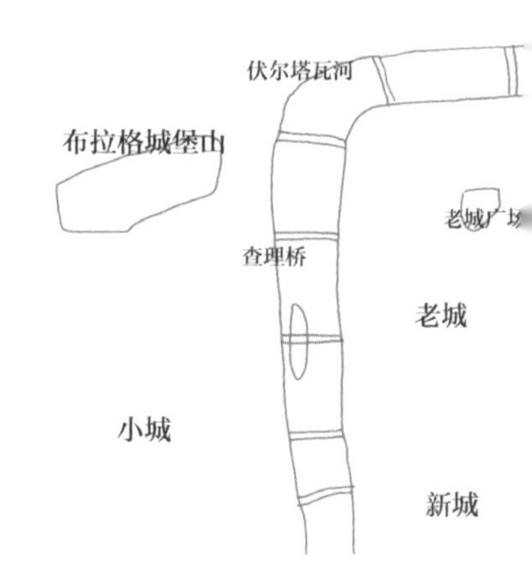

在少年时期，我就从地图上看到捷克（和斯洛瓦克）像一条被德国半吞在嘴里的鱼。后来又读到一本捷克第一任总统马萨利克的自传，知道它在1918年才获得独立，但以后的日子仍不好过。典型的有1938年英法等国执行“绥靖”政策，通过慕尼黑协定把捷克的苏台德地区划给德国，助长了第二次世界大战的爆发；以及30年后发生的“布拉格之春”的事件等。今天布拉格的老城广场上还竖立了从胡斯被宗教裁判所烧死以来的各个事件的纪念碑，可以知道这个国家所经历的多次灾难。

黄金巷（皇室手工艺品作坊）

布拉格的城堡位于伏尔塔瓦河西岸的高地上。它从9世纪开始兴建，以后由不同的王朝加建和改建，在20世纪初，由马萨利克总统决定对公众开放，并委任建筑师普莱克尼克用10多年时间进行了整理，形成现在的面貌。大体说来，它的四

城堡一出口

格城堡（河景）

对外正面（现总统府）

个庭院包含了（今）总统府、旧皇宫、大教堂和黄金巷以及皇家花园和众多附属建筑。我特别感兴趣的是黄金巷，与它的名称相反，这是一条始建于16世纪供皇家卫队居住、后来由皇家手工艺匠们居住和作业的场所。沿街是一排单层、色彩鲜艳的联排房屋，与同一围墙内的皇宫及教堂建筑相比显得简陋，但是这里却产出了捷克享有盛誉的黄金及工艺美术品。从这个城堡的组成看来，它与布达佩斯的城堡不同的就是自由民的居所已不再纳入领主城堡内，而是在围墙外绕城堡建造。然而，在布拉格城堡周边建成的居民区，却富有特色。它们因地形建造，看来错乱，但在绿树丛间出现的红色屋顶，与城堡中老皇宫的屋顶相互呼应与协调，创造了一种罕见的和谐感，说明尽管民居已建在“堡”外，但仍依附于“堡”。把布达佩斯与布拉格的城堡山进行比较，可以看到欧洲封建制度的变迁，原来存在的领主与臣民间相互依存的关系已日益演变为一种单向的统治关系。

这种把臣民放在城堡以外的做法，使我想起卡夫卡所写的小说《城堡》。被城堡主人聘用的土地测量员多年被拒绝进入城堡。因此，“城堡”一词成为普通人“可望而不可即”的神秘、封闭、排外的实物形象和代名词。

对于《尼伯龙根之歌》中所描述的这第二类城堡：我没有机会去冰岛，只能用在同为北欧国家的丹麦所看到的来推测。例如丹麦哥本哈根市郊外的弗雷德里希城堡（建于1580年左右）以及市区的罗森堡城堡（建于1633年）等就具有其特色。它们实际上是当时丹麦国王的行宫，但仍用“城堡”之名，在建筑外形上也依然有些军事堡垒的痕迹。看来，它们是从第一类城堡到后来欧洲的皇宫之间的一种过渡形式。

《史诗》中描述的第三类城堡的特点是有“宏伟大厅”。这是因为当时的领主（国王）与投入其麾下的骑士需要有一个集体饮食、接待外宾、举行宴会、商讨战事或室内比武的空间。在英国史诗《贝尔奥夫》中，就有这样一个“鹿厅”。传说中的亚瑟王与他的骑士举行圆桌会议的场所，也是这样一个空间，只是不太可能容纳几千人而已。我没有见到类似的实物，但在我印象中，丹麦海辛格尔港口的克隆堡有点接近这种形态。英国大导演奥利维尔拍摄莎士比亚悲剧《哈姆雷特》就在这里，最后一场决斗场合就是在这种大厅内举行的。据我估计，它可能是三种类型城堡建筑中最初期的形态。

看来，《史诗》中的三种城堡是三个时期的产物。阿提拉城堡最早出现，它反映当时的领主（国王）紧密依靠武士（骑士）的支持，与他们同吃同住。巩特尔城堡出现得稍晚一些，其特点是城、堡合一，说明领主与臣民之间的依附关系，领主除骑士之外，也需要（至少一部分）臣民居住在城堡内，以加强其防御外侵的能力。布伦希尔特城堡属于后期，这时，领主与臣民的关系趋于单向统治。《尼伯龙根之歌》反映了不同发展阶段封建势力之间的斗争。建筑是时代的缩影，由此可见。

维也纳

我旅行的第三站是奥地利的维也纳，这里到处充溢着旧时帝都的气息，已看不到那种中世纪的城堡，而是统治了东、中欧达6个多世纪的哈普斯堡王朝的皇宫，如市区内的豪夫堡皇宫和郊区的美泉宫等，它们的制式使人想起巴黎的罗浮宫和凡尔赛宫。

从史书上可见，欧洲的封建社会经历了三个时期：5~10世纪的形成时期（被称为“黑暗时期”）；11~15世纪的成熟时期（有的学者也把它归入黑暗时期）；16~18世纪的转型时期。在转型时期，出现了“民族国家”和中央集权的君主专制。法国路易十四（1638—1715）和奥地利哈普斯堡王朝的马丽·特里莎（1717—1780）统治时期都可以算在这个时期。

事实上，法国和奥地利长期以来是欧洲大陆两个对立的中心，特别是法国革命乃至拿破仑上台以后，维也纳就成为反对势力的大本营。在今天的城市风貌中，仍然可以察觉当年两大首都“较劲”的痕迹。典型的例子是维也纳国家歌剧院的建设，在它最初于1869年落成时，从国王到民众都因为它比不上巴黎歌剧院的气派而群起攻击，以至两位建筑师一个自杀一个精神错乱，直到它在二战被毁后重建时，人们才理智地看到这个设计的精彩，于是在大楼梯两边的墙面上加上了这两位建筑师的雕像。现在它几乎每天都上演歌剧，场场满座，订票要在一年以前。

也纳美泉宫

也纳宫殿之一（本实例照片张钦楠摄）

路易十四的凡尔赛宫与特里莎女皇（奥地利的武则天）的美泉宫，都有金碧辉煌的镜面舞厅、豪华装饰的卧室、宽广美丽的花园。在这里，再也见不到中世纪城堡内那种政教、主民共处于一个围墙内的城堡，因为教会已经臣服于君权，封建“金字塔”体系中各级贵族的权力大为削弱，庶民与君主也不再存在什么“契约”关系，骑士们已让位于专业化的军队。到这个阶段，历史已经告别了城堡，严格说来，最后这个阶段已不能算是封建社会，而是中央集权的专制社会，只是因为它延续的时间不长，才在“阶段论”中把它仍然划入封建时期。

就这样，我的这次旅行的一个最大收获，就是通过目睹城堡的演变上了一堂欧洲封建社会史的历史课，比考察教堂建筑更为生动和直观。

从城堡去理解欧洲封建社会的变迁，也使我想起中国。中国封建社会的历史始终存在很多争论。这并不奇怪，奇怪的是人们总要按照某一“阶段论”的固定模式去套在中国头上，使本来简单的事复杂化了。

中国封建社会的开始至少是在武王灭商以后大封诸侯之际。与欧洲不同是这个“封建”是由上而下产生的，与欧洲西罗马帝国崩溃后，各路“诸侯”占地自立为王的情况大不相同。那时中国的中央政权极其强大，管蔡之乱很快就被平息，诸侯之间的武力冲突也不多，于是欧洲式城堡的作用也不大。到了春秋战国时期，情况就不同了，中央政权虚弱，诸侯之间争霸，这时西周王朝建立的封建制度分崩瓦解。为了对付战争，中国式的城堡就出现了，它们是原来诸侯城市的加固，如果硬要比较，就类似于欧洲的巩特尔城堡（也就是像布达的城堡山），它是城、堡的合一，在城内，除了诸侯及其政军力量外，还有相当数量的手工业者、商人和比较富裕的农民等。

这种状态，到了秦始皇统一全国，废封建，立郡县，建立中央集权的专制制度之后，有了根本的转变。与欧洲相比，有些像一千多年后法王路易十四和奥地利的特里莎时期的状况，而且在中国延续了两千年之久。这一期间的城市（城堡）主要是中央和地方政权实行统治的根据地，除了在边疆地段有军事防御功能外，很少有“堡”的作用。只有秦始皇修建的万里长城，可以说是中国式的大城堡，世无其双。问题是，路易十四的中央集权被视为欧洲封建社会的末期，具有过渡性质，中国不可能有两千年的“过渡”社会（资本主义始终只能是不开花的“萌芽”）。就因为有外国的某种“阶段论”存在，中国就不能不抛弃祖宗已经实行的“废封建”的革新，而把“封建主义”的头衔硬加在自己头上。现在难道不是到了应当重新审视我们的历史、遗产和传统的时候了吗？

实例5 哥本哈根的尖顶
——文艺复兴的地域性

我总是遗憾，对文艺复兴的发源地——意大利，我只去过一个城市：北部的博洛尼亚。那是在20世纪90年代初，我去参加一个意大利外交部为发展中国家官员举办的研讨班。它每年一次，每次两天，要求每个国家中央政府的两位部、局或处级官员参加。说是研讨，实际上是培训，由意方请专家来给我们讲政府管理的课。一切费用（交通、吃住）都由东道主负责，开完后就送走。

博洛尼亚街景（一）

参加的一些代表，其领队的（多数是来自非洲的部长或局长）在第二天就不见其人，到威尼斯或罗马去玩了。我则老老实实地留着，一方面是没钱玩，另一方面是想就地领会一下文艺复兴的建筑。于是，两天中在听课和就餐（品尝到地道的意大利美餐，每餐几个小时）之外，就抓紧时间漫步在内城街道，看东望西，到处拍照。

博洛尼亚街景（二）

博洛尼亚是一个古城，这里有中世纪建造的塔楼，也有文艺复兴式圆拱柱廊的骑楼和广场上的雕塑喷泉，又有丹下健三这样的大师设计的现代建筑。由于知识贫乏，我无法体会出文艺复兴精神如何在这里体现，只是领会到一点：在这个历史古城，文艺复兴的历史虽然重要，但仍然只是一个“时间的过客”，构成整个城市历史的一部分。也许在佛罗伦萨或威尼斯，文艺复兴的特色会处于主导地位，但除此之外，恐怕哪里都不会有一个“纯”文艺复兴的城市。

博洛尼亚街景（三）

若干年后，我参加一个北欧旅游团，来到丹麦的哥本哈根。我认为它可以说是世界上最美的城市之一，而它给我印象最深的是“尖顶”建筑（英文是spire或steeple）之多。我后来才知道，哥本哈根被称为“尖顶的城市”（City of Spires），而这种尖顶正是“北方文艺复兴”的一个重要标志。

在其他城市，我也见到过尖顶建筑，特别是在俄罗斯的圣彼得堡和莫斯科。但那里的尖顶，往往只是一根铁管，有时顶上加一棵红星或镰刀斧头（后来在北京、上海建造的中苏友好大厦也是如此）。但哥本哈根的尖顶却不同，它们本身可以说是一件艺术品，而且，除了观赏以外，有不少尖顶还有盘旋楼梯可以攀登到上面的小屋观赏城市景观。这是我在其他城市没有见到的。（哥本哈根也有意大利式的穹顶，那是18世纪后期建造的大理石教堂，而不是文艺复兴时期的产物。）

这里的尖顶建造在皇宫、教堂、市政厅、民间商业建筑的屋顶上，几乎可以说是“全民皆尖”，琳琅满目。下表列举了若干有代表性的例子：

建筑名称	建造地点	建造年份	建筑风格
弗雷德列希城堡	城外希勒洛德	1602—1620	文艺复兴
罗森堡城堡（宫）	城内	1606—1624	文艺复兴
海军教堂	城内	1602—1626	文艺复兴
证券所	城内	1619—1640	文艺复兴
救世主大教堂	城内	1695	荷兰巴洛克
克列斯蒂安宫	城内	1828—1928	新巴洛克
市政厅	城内	1813—1905	民族浪漫主义

弗雷德列希城堡（1602—1620）

罗森堡城堡（宫）（1606—1624）

海军教堂（1602—1626）

证券所（1619—1640）

救世主大教堂（1695）

克列斯蒂安宫（1828—1928）

市政厅（1813—1905）

在这些实例中，有两个值得特别注意：一是证券所一侧的四龙盘旋塔（也有人说是三蛇盘旋，象征丹麦、挪威、芬兰的团结），据说它给证券所带来防火的保护。另一是救世主大教堂顶上的螺旋塔，人们可以从盘旋楼梯登临塔顶，俯览全城景色。除此之外，这些“尖顶建筑”，有不少远看是“尖顶”，近看则是塔楼（使人想起中国的宝塔）。从城市总体景观来看，则好像是高树林立，给哥本哈根带来“尖顶城市”的雅号。

据史书记载，这些尖顶的建造是由国王克列斯蒂安四世（1577—1648年，其中1588—1648年在位，共59年）发起的。他18岁登基，雄心勃勃，内部实行改革，扩大贸易，并在此基础上大动土木，兴建了新的皇宫和一批工商城市（哥本哈根的证券所也是他下令建造的），从荷兰引进了“北方文艺复兴”风格；对外发展海军，扩大军队，与瑞典争雄，但以失败告终。即使如此，他还是给丹麦带来了繁荣。

在丹麦短短几天的访问，引起我对“北方文艺复兴”的浓厚兴趣。尽管自己知识贫乏，我还是参阅了一些资料，特别是阅读了一位澳大利亚学者约翰·赫斯特写的《极简欧洲史》（席玉屏译，广西师范大学出版社，2011年）。这本由国内一些名家推荐的书，由于其“极简”而适应我的需要。它用一些“极简”的图表向我揭示了“北方文艺复兴”的本质。

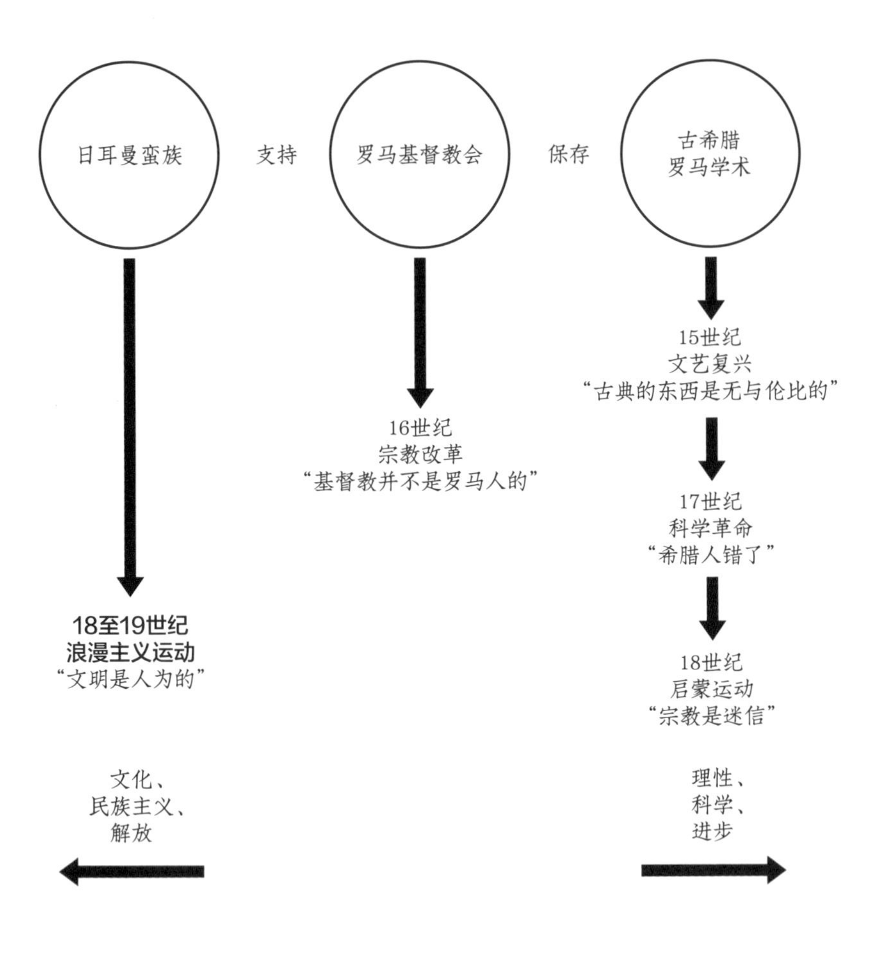
日耳曼蛮族
支持
罗马基督教会
保存
古希腊
罗马学术
15世纪
文艺复兴
“古典的东西是无与伦比的”
16世纪
宗教改革
“基督教并不是罗马人的”
17世纪
科学革命
“希腊人错了”
18世纪
启蒙运动
“宗教是迷信”
18至19世纪
浪漫主义运动
“文明是人为的”
文化、
民族主义、
解放
理性、
科学、
进步

“北方文艺复兴”的源流

这张图告诉我们：欧洲并不是铁板一块。从日耳曼族入侵，颠覆了西罗马帝国后，南北欧在政治、军事和文化上始终存在着巨大的区别和矛盾。自认为继承希腊和罗马传统的南方人，始终把北方日耳曼族视为“野蛮人”（把中世纪称为“黑暗时期”也来源于此）。从15世纪开始，到16世纪盛行的文艺复兴是从南方开始的。它以人文主义精神复兴希腊罗马的古典文化，其影响席卷整个欧洲，但到了北方，却受到地域文化的“折射”。对北方人思想影响更大的是16世纪发源于德国马丁·路德的宗教革命，而在文化上影响更大的又是起源于德国的浪漫主义传统。从这个阐释，我们或许可以理解“北方文艺复兴”的特点，也可以理解为何“尖顶建筑”（而不是穹拱）得以流行在丹麦，并成为丹麦文艺复兴的一个标志，因为尖顶确实比穹拱更多一些浪漫主义的气息。

再联想到我在博洛尼亚寻找文艺复兴精神的体验，使我进一步理解了人类的历史就像一条大河。一个时期、一个地域发生的文化创举，不论其如何精彩，在历史的长河中始终只能是一个插曲。而城市则是许多插曲的组合，文化的魅力也在于这种组合。

通过阅读哥本哈根的尖顶建筑，我得到最大的启示是：

世界需要差异

05 阅读建筑——沉寂的建筑在向我们诉说什么

每当我见到一个人——男的、女的、高的、矮的、胖的、瘦的，我通过他（她）的容貌和体态来识别他（她）和记住他（她），但是我从来没有问过他（她）为何长得这样，尽管我知道有基因在“作怪”。但是，每当我看到一幢建筑时，却总要问一下，谁造了它？它为什么是这个长相？即使是很平庸的建筑，我也想知道它是出自哪个平庸者之手。丘吉尔说：“人造就建筑，建筑造就人”，一点没错。

有意思的是，沉寂的建筑也总是在对人们诉说自己的衷情。它试图告诉我们，是谁建造了它，又为什么把它塑造成这个样子，乃至连塑造者的哲学和宗教观点、文化修养、艺术情趣、财产状态等都通过它的外表和内部给你透露，这就是所谓“信息”。平庸的建筑信息量最少，而卓越的建筑则几乎每个角落都在发出信号。这样，我就可以通过建筑与它的建造者（即使是几百甚至几千年前去世的人）进行文化交流。

传说中，狮身人面像（斯芬克斯）问俄狄浦斯，什么东西幼年四条腿、长大两条腿、老年三条腿？聪明的俄狄浦斯回答说是人。在我看来，俄狄浦斯当时应当反问，阁下何以有此长相？几千年后的21世纪，我站在狮身人面像面前，向他（她？它？）提出了这个问题。他（她？它？）以沉寂回答我，意思好像是：如果你见了我还不知道，你就是个笨蛋。我也只好自己承认如此，败下阵来。

于是我领会到：沉寂的建筑无时无刻不在向人发出各种信息，罗马的凯旋门、圆明园的废墟、华盛顿的越战死亡者纪念碑等无不如此。人们说“建筑是时代的镜子”，妙就妙在这面镜子能把它所接收到的文化信息，长期地储存起来，让后代的有心人去发掘。但是你必须去“阅读”它，通过它去跨越时间和空间，与遥远的人们对话。这是件极有意义的“阅读”，只有那些平庸的人，才会想到把那些宝贵的信息源用锤子和推土机铲去，来满足自己平庸的政绩观。

我读过一本关于瑞士心理学家卡尔·荣格(Carl G. Jung)的传记，其中描述了荣格如何随着自己观念的发展和演变来改造和扩建自己的住屋，直至最后，当他探索灵魂这个主题时，他在顶层给自己添加了一间书房，以期达到升华的境界。具体的情节已记不清了，但在当时它确实向我清晰地阐明了丘吉尔的名言。事实上，建筑往往与人一起成长，建筑中熔铸了它的创作者与使用者的灵魂。

有了这种对建筑的意识，我的生活就发生了变化。每当我行走在路上时，周边的房屋就像都在与我打招呼，要和我攀谈。特别是那些被画上“拆”字的旧房，就像即将上刑场那样地急于向我诉苦，很自然，它们每一栋都有自己的生命。这也是阅读建筑带来的一种感受。

要真正理解一栋建筑,就必须在“阅读”上下功夫,除了实地观察外,还需要从阅读有关书籍、图片上去了解它的历史，包括它的创造者——建筑师的生平与观点。有时，后者的阅读甚至比直接观察还重要。正像我们不可能认识每一个路人一样，我们也不可能真正了解自己见过的每一栋建筑。事实上，一个人在一生中，能下功夫认真“阅读”几栋至几十栋建筑，就算很不错了。

即使这样，我仍然主张我们这些“凡人”在此生此世，能“阅读”几座城市，“阅读”几栋建筑（即使只是从书籍上），就像阅读几部莎士比亚的戏剧、几首杜甫、李白的诗、几篇韩愈、柳宗元的文章一样，你会体验到少有的文化熏陶和精神享受，使你的生命更加丰富多彩。

詹姆士·瑟伯的漫画

荣格在他的《人与他的符号》（Man and His Symbols, Dell, 1968）一书中采用了由画家詹姆士·瑟伯所绘制的漫画：一个怕老婆的男人“把自己的家与他的老婆视为一物”，每当他走近家门时，住房就变成虎视眈眈的妻子在等候着他。

06 阅读建筑——捕捉第一印象

我们需要有一些具体的阅读建筑的方法，据我的肤浅体会，可以有以下一些方法。

一是注意捕捉第一印象，最好是有摄影的辅助。

当阅读一本书时，你对它的印象只能产生于阅读的终了，然而，阅读建筑，和阅读一幅画一样，却在第一瞬间就产生了对它的总体印象。就我而言，这第一印象最为重要，它往往向你传递了建筑的灵魂——建筑的“意义”，以致你必须牢牢地捕捉住它，不要被随后的印象所模糊。而最佳的捕捉方法，莫过于摄影。

静观

越是要捕捉它的“意义”，就越需要静观它的整体，然后才是其细部。因此，静观是阅读建筑的开始，而摄影则是最佳的辅助手段。摄影把你对建筑的印象固定化、永恒化了。在很大程度上，它取决于你的摄影水平，我就往往发现自己的摄影失去了当时的一些感受。而一个高超的摄影师，却能记录下一般人在现场时所没有充分注意的形象。

我特别赞赏友人马国馨院士的建筑摄影。下面从他的《礼士路札记》（天津大学出版社，2012年）中摘录两例：

例1：美国纽约世界贸易中心的双塔（选自马国馨《建筑摄影的绝唱》一文）：

2002年9月初，即“9·11”一周年前一周多的时间，我访问了纽约曼哈顿下城的世贸中心原址——零点地带。远望几近清理一空的现场，想起八年前第一次造访这儿并还在顶层餐厅用餐的情景,真是感慨万分。这次纽约书店里有大量关于“9·11”和世贸中心的书籍和图册，我最后挑选了一本画册《世界贸易中心——挑战天空的巨人》作为纪念。这是一本用简要的文字和大量摄影图片来描述世贸中心从建设到灰飞烟灭的全过程的画册。一个还不到而立之年的巨无霸式的建筑物，现在就只能从照片上去重现它往日的雄姿和繁华，唏嘘之余也使人更体会到建筑摄影对于历史记录和文化传承的重要作用。

“世贸中心的设计和建造是一个梦，是一个风险工程，但它很快就变成了无与伦比的商务、商业和金融中心的心脏，”画册的作者彼得·斯金那（Peter Skinner）这样写道。他是常年住在纽约格林尼治村的一位十分活跃的编辑和自由撰稿人，此前曾在英国牛津大学研究现代史。……除文字史料外，在这本近170页的画册中不乏精心挑选的图片，更增加了本书在视觉上的冲击力……

人们常说：“曼哈顿的天际线是整个美国的象征”。所以世贸中心群体和轮廓线的远景表现是经典手法之一。无论是从西侧哈德逊河上或对岸的新泽西，还是从西南方的爱丽斯岛或自由岛，都是比较理想的（摄影）位置，这类建筑全景式的表现很有气魄。……附图是我于1984年初访纽约曼哈顿（一周游）时拍摄的一张，映照在双塔上的天光云影也还有点趣味……

世界贸易中心双塔（马国馨摄）

马国馨谦虚了。他拍摄的双塔，我认为是自己看到过的众多照片（包括我自己拍的）中最杰出的一幅。他选择的时刻正好在天空散布着朵朵浮云之际。在这里，海德格尔的“天、地、人、神”融合在一起的景象浓缩在一张照片中。在这里，双塔作为景色的主角，象征着美国人的进取精神（“神”），同时又体现出一种在“乱云飞渡”下从容、安详、自信的姿态。谁能想到，在新世纪来临之刻，它们却在瞬息之间化为灰烬。它告诉人们，恐怖主义的毒瘤正伸向世界各个角落，人们还远没有到达安宁的时代（当然，从另一个角度说，它也对那种“追高热”提出了警告）。即使如此，双塔当时给我的第一印象，就是它的“神”，它体现在马国馨的照片中，也保留在千千万万访问过它的人的心中。

例2：陕西黄帝陵轩辕殿（选自马国馨《天工人巧日争新》一文）

“20世纪90年代开始，在陕西黄陵桥山的黄帝陵整修，直到其核心建筑祭祖大殿的落成，是建筑学、文化人类学科建设中的一件大事。民族的振兴，始于文化的复兴，文化是综合国力的重要组成部分，文化的继承和发展是一个民族和一个国家未来命运的基础，所以需要从这样一个层面来认识圣殿的建设。……最近的这一次整修由陕西省院、西安建筑科技大学等单位开局，而由中建西北设计院以张锦秋院士为首的团队收官，取得了令人满意的成果。

锦秋先生是我的学长，也是我十分熟识和尊敬的前辈。她自1966年毕业后即去现中建西北设计院工作，在西安这个十三朝古都辛勤耕耘了四十年……成为我们建筑设计界的佼佼者。……祭祖大殿是她最新完成的作品，其设计特点概括为“山水形胜，一脉相承，天圆地方，大象无形”，这是一种整体把握的体现，是对这样一个具历史性、纪念性、文化性的建筑群体从历史文脉和自然环境的角度出发，进行全局性构想的结果。从轴线的安排、竖向标高的经营、空间的处理、主宾的搭配，以至材料和细部的处理都可以看出她经过几十年的修炼，传统的意蕴和格式早已烂熟于胸，随手拈来皆成文章，所以说这个作品是锦秋先生创作生涯中的又一个亮点是一点也不为过的……”

同时，为了“增加交流，活跃评论”，作为一名建筑师战友，马国馨也就若干设计细部提出探讨意见：

“在祭祖大殿的细部处理上我曾和锦秋先生交换过看法。大殿周围 36 根高4m、直径 1.2m的石柱是整块花岗石制成的。我以为如果石柱有收分从视觉美学上会更精彩，当然那样加工会很困难，锦秋先生说他们曾考虑过这点，但后来觉得直上直下更能体现那种粗壮、古朴”。

在这里，我要再一次感谢马国馨，他得心应手的摄影技术给我们记录了祭祖大殿整排的石柱，显示了中国原始文明的“粗壮、古朴”，也象征了中国文化传统的坚实和恒久。

黄帝陵祭祖大殿（马国馨摄）

高空俯视

在静观中，主体（我）的位置至关重要，而最令人兴奋的莫过于在高空俯视底下的建筑和城市。可惜现在的许多机场，都建得远离城市，使我们失去在飞机迫近时看到城市总貌的机会。幸而细心的城市当局往往在郊外的高地上开辟一块俯览点，让旅客可以欣赏和摄影。布达佩斯就是如此，在这里可以看到多瑙河两岸的双城。自然与人文、历史与现代，都展现在你面前。

布达佩斯俯览

对我来说，更令人激动的还是一次对尼泊尔的重游。1963年我初来此地时，加德满都河谷的人口还不是很多，对来自人口密集的中国的人们来说，这里的城市显得比较稀松。当地的房屋多数是单层或二层的，用的是当地土窑焙烧的、用手一扳就分成两截的“砖块”。记得当我们专家组用土窑试烧出第一批“铛铛响”、从二层阳台上向下扔仍然不碎的红砖时尼方官员尼马尔的兴奋状态。他对我说：“我哥哥是皇家建筑师，他要在自己设计的皇家旅馆中用这种中国砖”。我在尼泊尔得了病，在项目确定后就回国了，以后没有参加这项工程。

近半个世纪后，当我乘坐的飞机又一次降落在加德满都机场时，我惊讶地发现这座城市变大了，也“长高”了，在眼前的大多是三层以上的砖房。在机场和我们逗留的“皇家旅馆”（就是尼马尔所说的“皇家旅馆”），我看到了导游所称的鲜红、规整的“中国砖”（“我要盖的房子就准备用这种砖”，他说）。就这么一块小砖，却帮助加德满都容纳了几倍的人口，当我晚上睡在这种砖所盖的客房中时，心中有着说不出的甜蜜滋味。

今昔加德满都（左：1963年摄；右：2011年摄）

07 阅读建筑——空间的体验

建筑存在于一定的时（历史时刻与社会背景）、空（地理位置和环境条件）领域。人类一切文化都是在一定的时空内生成的。阅读建筑同时也必然要阅读和理解它的时空背景。

从20世纪开始，随着世界各国城市化的进展以及由此产生的诸多问题，人们对“空间”（自然空间、城市空间、建筑空间、生活空间……）以及空间与文化的紧密关系的研究也强化了。我们以欧洲的若干互相独立的学术潮流为例：一是以法国昂立·勒法布尔（Henri Lefebvre）为中心的“空间生产”理论；另一是以英国伦敦大学等院校为中心的“空间句法”理论；再就是扎哈·哈迪德与帕特里克·舒马赫的空间“自组织”理论。他们从不同角度对“空间”的哲学、社会学、城市与建筑学等多学科的交互中探讨了空间的意义，对城市建设与建筑学都产生了深刻的影响。对这些理论的了解，十分有利于我们阅读城市与建筑，了解它们的文化含义。

就以勒法布尔的“空间生产”理论而言，他在马克思资本再生产理论的基础上，发展了“空间再生产”的理论。在他看来，近代社会的发展，不仅是实物（钢铁、石油、汽车等）的生产和再生产，而很大程度是“空间”的生产和再生产。特别是在大中城市中，财富的积累和扩大，很大程度上取决于空间的合理和高效的利用（也就是说，空间和实物一样，具有使用价值和交换价值）。他的这种理论，对欧美国家中兴起的城市设计起了重大作用。勒法布尔本人与欧洲的建筑师有着紧密的合作关系。他认为：由现代主义大师们提倡的《雅典宪章》（用“功能分区”的原则来规划和改建城市）为资本主义的创新提供了“一种意识、一种规范、一种模型”，“导致对劳工的压制、异化和剥削”。他又指出：这种“空间生产”，产生了城市的“均一化”（千城一面）和“碎片化”（功能分区否定了人们生活的综合性——我在《阅读城市》一书中，就对巴西新首都巴西利亚的“好看不好用”做了介绍），并导致“等级化”（贫富隔离）。他特别反对20世纪50~60年代在欧洲（特别是法国）大量出现的“大型住宅小区”（grands ensembles），主张采用传统城市中“楼阁”（pavilion）式的住宅类型，让住户可以更充分地体现其个性要求。他的批评不是孤立的，从20世纪60年代后期（法国曾出现社会骚动）开始，一些欧亚建筑师在城市住宅设计中，更多地试图体现人性，突出地表现在西班牙建筑师波非尔、法国建筑师格隆巴、日本建筑师安藤忠雄等的设计中。我曾经访问过比利时的新卢汶镇，这是一个1970年建造的新大学城，有200多名建筑师参与，所建造的“楼阁”式住宅各有特色(该项目曾荣获国际建协的阿布尔克隆比规划奖)；后来又访问了20世纪80年代在巴黎郊区建造的新城，也很有个性特色。[一]

“空间句法”也是20世纪后期发展的一种新的建筑理论。它引导人们把建筑设计的注意力从实体转向空间，关注人们在建成的建筑物中移动时的空间感受，从而加深对建筑的文化内涵的认识。[二]

凡是阅读过哈迪德的建筑作品的人，不管是否赞赏她的风格与手法，无不为她的建筑赋予人们的空间意识而叹服，而经过舒马赫的理论剖析，更加深了我们对她的建筑空间的理解。哈迪德的作品，表现了一种强烈的动态，往往是一种复杂的、连续的空间系列，相互间存在着一种连续性和关联性。她的空间是用计算机和参数设计法所形成的、被舒马赫称为“参数化主义”

㊀ Lukasz Stanek：Henri Lefebvre on Space，美国明尼苏达大学出版社，2011.

㊁ B.希利尔《空间是机器——建筑组构理论》，中国建筑工业出版社，2008.

的“21世纪国际风格”。[1]

上述的这些空间理论和相应的设计实践给我们阅读建筑与城市提出了新的要求。这就是说：除了上节中所述的静观（捕捉第一印象）之外，更细致、全面的阅读要依赖于读者的运动，即动态的观察。其阅读过程可以是：由总体（包括部分城市）到单体，由室外到室内，视阅读者的时间和兴趣而定。

“总体”阅读

从“总体”的角度来阅读和体验空间，就是对建筑所属的群体进行最直接的城市空间的阅读，以考察这个群体是以何种规模、模式和体形等来占有和开拓城市空间的。这种运动又可以区分为漫步和疾驶。在漫步中，人们得以视察建筑所展示的所有细部。以下介绍我漫步在尼泊尔加德满都杜巴广场（有大约300年历史）的体验。在这里，人的五官都投入了体验，眼睛看到的是一栋栋古庙和周围的人群，鼻子闻到的是祈祷的香味，耳边响着儿童叫卖杂物的声音，脚下踩的是颠簸不平的石路。这里的人们，有的用头顶着重物而过，有的（妇女）烧香拜佛，有的青年则是闲坐在古庙台阶上消磨时间（据说当地“幸福指数”很高就因为闲人很多）……我在这里目睹一个古老而现代的文化，这是在世界各地都难以见到的。

[1] P.Schumacher: The Autopoiesis of Architecture, Vol 2_ A New Agenda for Architecture, John Wiley & Sons, 2012.

加德满都杜巴广场

疾驶是在车上（火车、汽车）观看窗外的建筑、城市空间与景观。在这里，建筑的细部已经退出视野，甚至连建筑物本身有时也只能看到局部或瞬息掠过，但我们得到的补偿是一个在漫步中难以捕捉到的总体印象。

英国有位建筑理论家班纳姆（Reynar Banham）到美国讲学，来到西海岸的洛杉矶，他开始惊讶于这座“没有城市形式的城市”(也就是说，没有或少有通常所谓纪念性或标志性的建筑)，但不久就领悟到：“人们只有和它的居民一样，驾车疾驶于它的自由道上，才能理解它的语言……洛杉矶设计、建筑和城市的语言……就是运动的语言。在这里，运动性以一种独特的方式压倒了纪念性，这是他阅读洛杉矶的体会”。

我也试图从汽车上“阅读”北京的长安街，于是带上自己的傻瓜照相机和手机，用蹩脚的照相技术，在汽车前座拍摄大路两侧的“标志”建筑（从建国门到木樨地），事后观看自己拍的“系列”照片，却得到平时路过所没有的印象：

北京确实是个动态的城市，从天安门、新华门到建国初期的“十大建筑”，到20世纪90年代后的“晚期现代建筑”（包括有争议的国家大剧院），风格“日新月异”。

给我印象最深的是几乎所有建筑都是“对称性”的，即使在重要的十字路口四角也是如此（在这一点上，我更喜欢巴塞罗那爱尚普里区的处理，见高迪的米拉宅邸）。虽有些不足，但总的说来，它给长安街赋予一种规整、肃穆的气氛，符合首都城市的气氛。

然而，我从运动式（由于交通堵塞，无法“疾驶”）阅读长安街的总印象则是北京在“定位”上的失落感。（记得十几年前有位电台记者问我：你觉得北京最需要解决的是什么？我的回答是：定位）

北京在明清时代是首都，定位在政治中心。在新中国建立后，它重新成为首都，建国十周年时建成了“现代民族性”的“十大建筑”，以后，长安街成为许多政府大楼的落脚点，使它重新具有政治中心的性质。但市场经济的冲击，使北京的定位又重新失落。新北京饭店、东方广场、长安俱乐部以及多个银行总部大楼、贸易中心纷纷出现。

其实在我看来：北京除政治中心外，首先应当是文化、教育、科学的中心，领先全国在科学和文化创新上发挥优势，成为体现“软实力”的“知识首都”，而现在的长安街却没有带来这个信息。

疾驶长安街所见

疾驰长安街所见

疾驰长安街所

疾驶长安街所见

“单体”阅读

以上介绍的是对一个城市建筑群体空间的阅读和体验。在这里，阅读城市与阅读建筑已交叉在一起。此外，还可以用运动的方式对单一的建筑空间进行阅读和体验。下面介绍我在维也纳“阅读”其“分离派建筑”的体会。

“维也纳的分离派建筑——与什么‘分离’？”中，我用环绕一圈（摄影）的方法阅读了这个作为“新世纪号角”建筑的整体与四个立面（加上建筑一侧的雕塑）。在众多庸俗仿古建筑丛中，它的清秀形象给人带来了一种新的时代感，不由自主地被它吸引。在这里，简

环视维也纳分离派建筑组图

维也纳分离派建筑组图（续）

约的立体外形加上清秀的文字和图像装饰就有力地向人们声明了“分离派”的艺术主旨。

以上观察和阅读的是建筑外部的一张“皮”，但它却鲜明地告诉我们“分离派”的创作意图。这是因为，建筑师要向公众显示自己与四周那些庸俗的仿古建筑之不同，所以这张“皮”就显得特别重要，甚至超过它的内部。但是，对多数建筑而言，你要了解它，就必须进入它的内部。

以色列的一位学者（E.Rosenberg）有专文阐释漫步对认识建筑和文化的意义。她认为建筑和城市空间是“文化的容器”，人们可以有三种模式通过漫步识别文化：作为旅行、作为“改造

巴黎二战集中营遇难者纪念堂

华盛顿越战纪念碑

性遭遇”以及作为“日常的城市实践”。她以华裔建筑师林璎（Maya Lin）设计的美国华盛顿越战纪念碑和法国建筑师G.H.潘古孙（G.H. Pingusson）设计的巴黎二战集中营遇难者纪念堂为例。二者的共同特点是它们都引导访客进入地下的灵堂，使人感受到一种在另一个世界与死者相会的体验。

空间句法

以上实例中所看到的主要是建筑的外观，为了全面阅读和理解一栋建筑，就必须把漫步深入到建筑内部，从而理解老子所说的“凿户牖以为室，当其无，有室之用”的意义。

最简单和直接的是对自己的居住空间的阅读：古代文人陶渊明在《五柳先生传》中写自己的居室“环堵萧然，不蔽风日……衔觞赋诗，以乐其志”。现代诗人屠岸把自己在北京和平里住宅中 $14m^2$ 的书房取名为“萱荫阁”（纪念自己的母亲），这里的空间无法容纳他拥有的 17 个书柜（被打发到室外走廊上），但他却在其中无倦地写诗、译诗（包括全部莎士比亚诗剧）。这里的空间渗透了作者的精神与气节。

在雅典卫城的帕特农和伊瑞克提翁神庙中，存在两种漫步方式：前者是规定性的，人们按预定的路线观摩壁上的浮雕；后者是自由的，人们可以随意地观摩当地的“神物”，在这里，室内空间的布局（句法）提供了完全不同的知觉反应。在这里，阅读者通过运动体验到建筑师对空间的运作，从而也丰富了自己的空间意识。

08 阅读建筑——时间的体验

近年来，在国外的电影和小说中，出现了一种“跨时间旅行”热。人们可以被动地或随心所欲地选择某一个特定的历史时间把自己插入，试图改变人类历史进程。

这当然是一种幻想。然而，我们在阅读城市和建筑时，确实可以进行“跨时间”的阅读，这是另一种运动性的阅读，就是在不同的时间（时代）对同一个地点的建筑进行观察与阅读，它会给你少有的体验。

第一个例子，是我对上海外滩的“跨时间”阅读，把20世纪30年代与21世纪10年代的外滩进行比较，能深切地使人体会到巨大的变化。

a）20世纪30年代的外滩（取自历史资料）

b）2013年的外滩（盛学文摄）

上海外滩的今昔

第二个例子，是我时隔近半个世纪对尼泊尔的两次访问。

第一次是在1963年，当时的建筑工程部派我参加由原对外贸易部组织的综合考察团去尼泊尔商讨我国援助的建设项目。考察团9人，有水电、轻工、粮食、建筑等行业的专家（后来有交通专家参加），经过考察和协商，确定的项目主要是一条横跨全国的公路、一座小型水电站、一座砖厂和小型办公与仓库建筑。在考察期间，我和两位来自湖南的水电专家结下了良好的友谊。我们在巴克塔布尔广场有几百年历史的五层大庙的巨型雕塑前留下了照片。此后就各奔东西。

没想到在2011年，我80岁时，竟然有机会在去不丹旅游途中，再次来到尼泊尔。这次我们到了中部的波塔拉风景区，而当年我国援助的水电站正建在这里。我们到达波塔拉已是晚上，尼泊尔的导游指着远处的一点光亮对我说：“那就是你们建的水电站”。

在巴克塔布尔五层大庙前

我不禁想起当年的两位“战友”。时隔近50年，人已亡，“站”还在，不禁唏嘘感叹。回加德满都后，我再次来到那五层大庙的雕塑前，一个人留下了自己的照片。再过几年，又有谁会知道我们的存在呢？然而,这次“跨时间”的旅行（运动）却向我又一次揭示了“跨时”阅读建筑的美妙。

在巴克塔布尔五层大庙前

上述两个阅读例子，都产生了不同的时间感受，前者使人从城市和建筑的变化感受到历史的快速节奏；而后者却使人感到建筑的恒久和人生的短促。这正是阅读建筑所带来的丰富效应。

和人类一样，建筑和城市都是有生命的，同样有生老病死，甚至是有感情的：在阴雨中哭泣，在阳光下欢笑。人们生活在城市和建筑中，不管它们何等破旧和简陋，都给人带来一种亲密感。你越是阅读它，就越感受到这种亲密感。

09 阅读建筑——联想

静态和动态观察是我们阅读建筑的基础方法，但不是最终结果。在这个基础上，我们还需要深入到建筑的内部本质，这应当是我们阅读的目的，而这在很大程度上得助于“联想（association）”的作用。建筑师的构思，属于形象思维，与工程师习惯使用的逻辑思维是两回事，与艺术创作有相似之处，而阅读者同样可以通过联想来体验建筑的意义。

所谓“形象思维”，就是不通过语言的中介，可以从一个形象直接通达另一个形象，这就是“联想”。 联想是人脑的一个重要功能，到目前为止，计算机还不能提供这种功能。然而联想是形象思维的基础，是建筑师构思的基础，也是我们阅读建筑、理解建筑的重要途径。

早在中国魏晋时期，陆机在《文赋》中就生动地描写“联想”：

或因枝以振叶
或沿波而讨源
或本隐以之显
或求易而得难
或虎变而兽扰
或龙见而鸟澜
或妥帖而易施
或岨峿而不安

这里，文人写道：从“枝”想到“叶”，“波”想到“源”，“隐”想到“显”，“易”想到“难”，“虎”想到“兽”，“龙”想到“鸟”，“妥帖”想到“岨峿”，有的是相补，有的是相反，都是由形象直接到形象。建筑的构思与阅读，也在很大程度上依赖于此类“联想”。

在我所接触的建筑作品中，最能启发自己“联想”的是美国建筑师盖里（F. Gehry）的设计。他的设计，最初是直观的，例如在建筑物边上设置放大的望远镜或鱼；然后就“隐”一些，例如：

1）位于捷克布拉格的“琴球与弗雷德建筑”（Ginger and Fred Building,1995年），建造在横穿城市的伏尔塔瓦河沿岸，在一块二战中被炸毁的建筑场地上。它由两个紧挨的筒体组成，一个像男子汉那样竖立，另一个弯曲，好像一位依偎在前者身上的妇女。不用多解释，电影迷都会从此“联想”起20世纪30年代先后合演过6部音乐电影的舞蹈演员琴球·罗吉斯和弗雷德·阿斯台尔风靡全球的美妙舞姿。建筑带来的“联想”在人们（特别是中年以上的）心中产生一种难以抑制的怀旧心理，同时也颂扬了歌舞升平的和平时代。建筑的感染力也在于此。

琴球与弗雷德建筑

琴球与弗雷德的美妙舞姿

2）位于美国西海岸西雅图市的“体验音乐中心”（2000年）。它可以说是盖里“金属（钛合金、不锈钢）曲面碎片组合”的“签名”形式的开端。鲜红的曲面金属片包围了建筑的入口前庭，给人以一种强烈的运动感，人们可以把它“联想”为摇滚音乐的疯狂节奏。

西雅图体验音乐中心

然而，这仅仅是开始，此后（特别是在西班牙毕尔巴鄂的古根海姆博物馆）盖里就以借用飞机设计软件来生成谁也无法阐释的“非理性”形体而风靡全球。美国和欧洲许多城市都争相请他设计那种“签名”建筑，包括高等学府（最讲究科学“理性”的麻省理工学院）也邀请他来设计“非理性”的教学楼，认为可以启发科学构思。此时，盖里已经“超越”了“联想”的界限，成为显现非理性的大师。

西雅图体验音乐中心

就我而言，用我国佛教唯识宗的“八识”论来理解形象思维的“联想”作用，可以有所帮助。唯识论是唐朝玄奘从印度带回来的。它认为人有“八识”，分别为眼、耳、鼻、舌、身、心（意）、末那、阿赖耶。前五识是人的感官器官接受的感觉（sense），传输到大脑（心）以后成为知觉（第六识，perception）。论者往往把它们合称为“前六识”，这一点与西方的认识论学说相符；而后面的两识（末那与阿赖耶）则是唯识宗的独创。

第七识：“末那”在梵语中的意思是“意”，末那识就是“意识”，但为了不与第六识混淆，就用印度称呼。事实上，第六和第七都是大脑（“心”）的产物，其区别在于第六识更侧重于意识与感官器官（“根”），即前五识的关系，可以说是客观世界对主观的影响；而第七识则更侧重与第八识（阿赖耶识）的结合，可以说是主观世界对客观的影响。因此，在第七识中，“我”处于主导地位。

这就产生了问题：佛教是主张“无我”的，因此在佛教文献中，末那识因为有“我”而往往带有贬义。玄奘的《八识规矩颂》中谈到“染、净、依”，就是说末那识可以是“染”（恶），也可以是“净”（善），“净”的条件是“无我”，去除“贪、痴、慢、恶见”等“根本烦恼”以及相应的“随烦恼”。然而，今天我们谈阅读建筑与创作建筑，却必须强调“我”的作用，所以就与唯识论的正统阐释处于对立的立场。

然而，我们仍然可以从唯识论的第八识取得启发。它在梵语中为阿赖耶，亦称种子识或藏识，它的核心内容可以用以下的程序式表示：

种子〉〉熏习〉〉现行

第八识的“种子”，指的是我们接触事物后在大脑中留下的单项记忆或印象，它们就像植物种子一样，是潜在的，有“生发”的功能。在外界的“熏习”下，会发生变化，生成新的“种子”，也叫“现行”。唯识论对“种子”“熏习”“现行”作了多种分类。如种子有外种、内种之分，它们都具有：刹那灭、果具有、恒随转、性决定、待众缘、引自果等条件；熏习有能熏与所熏之分。内容十分丰富，我们在这里只取其最基本的内容。

用现代的词汇来说，可以把第八识理解为一个计算机的数据库（藏）或“形象库”。它把我们自己所观察的各种建筑印象（连同在第六、七识中所掌握的本质和意境）存储在潜意识中。在外界的“刺激”下，这些“种子”与外界条件发生相互作用而发生变化，成为新的“种子”（现行），建筑师创意的就是这种“现行”。

举例来说：我们在二战前夕欣赏过罗吉斯与阿斯台尔的舞蹈电影，在脑中留下美好的记忆（种子）。现在，我们在布拉格街道上看到盖里设计的“琴球与弗雷德建筑”，它的形象使我们“联想”起当年看过的电影以及战前的和平时日，从而在建筑中体验到一种新的、经过“熏习”的“种子”（“现行”）。这个“现行”使我们懂得建筑师的手法，因而能在他其他设计（例如西雅图的体验音乐中心）中运用“联想”的作用，达到新的理解。这也是我们常说的“形象思维”，即不需要通过语言就直接从一个“形象”“联想”到另一个“形象”的思维与创作和阅读方法。从这个意义来说，唯识论丰富了我们的思维能力，并且向我们提供了用计算机辅助形象思维的途径。

10 阅读建筑——人际交互、对话

以上谈到的四种阅读方法，实际上是佛教唯识论中的“八识”的“变相”综合应用，是以阅读者为主体的一种体验运动。然而，与诗画一样，阅读者主要依赖自己的主观感受去理解和阐释作品；但在很多场合，特别是当你对某一建筑发生浓厚的兴趣时，你就有愿望更多地了解它的背景和创作意图，于是就产生与作者（或第三人）对话的需求。

我与西萨·佩里（Cesar Pelli）的“对话”就是如此。初次认识他是在1987年，当时阿根廷国家艺术与通信中心（CAYC）主任荷盖·格鲁斯堡邀请刘开济和我去布宜诺斯艾利斯参加他所组织的国际建筑师论坛，从而结识了佩里。他出生于阿根廷，在美国伊里诺伊就学，毕业后在萨里宁事务所工作，1964年入美国籍，曾任耶鲁大学建筑系主任，并有自己的建筑设计事务所。那时美国的建筑师有灰、白、银三派。灰派是以文丘里为代表的“后现代派”，主张尊重历史、传统和文脉（其理论深得吾心，但其作品却接受不了）；白派是以迈耶等“纽约五”为代表的“近现代派”（我国文献把late modernism翻译为“晚期现代主义”， 我并不认同，因为现代主义远未到晚期，他们继承正统的现代主义，而又有发展，但不尊重传统，应当翻译为“近期现代主义”）；银派以佩里为代表，既尊重现代主义的创新原则，又尊重历史文脉和传统，很对我胃口。加上佩里为人友好热情（阿根廷传统）、平易近人，虽然身负盛名，却没有丝毫架子。我于是斗胆向他提出在中国出版介绍他的设计观

佩里父子、格鲁斯堡和我在阿根廷合影

念和作品的建议，他欣然同意。会后就寄来相关的文字与图片资料，我邀请武汉的艾定增教授和他的助手执笔编著，由中国建筑工业出版社（彭华亮为责任编辑）出版。此后，格鲁斯堡还两次再邀请我去参加他们的国际论坛，使我有机会接触不少国际建筑界名流和青年建筑师，也每次都遇到佩里（和他的建筑师儿子），又有一次在伦敦的一个设计方案评审会上相遇，所以对他的新设计和文章有跟踪性了解，就等于有了“对话”。

对他在20世纪设计动荡时期的思想和作品，我最为认同的有：

洛杉矶太平洋设计中心

这是一个分期建设的综合项目，最后建成有蓝、红、绿三个玻璃建筑，最初建成的“蓝鲸”是给他带来“银派”称号的代表作，而富有历史意义的是他在这里开拓了以玻璃幕墙为要素的“表皮建筑学”。

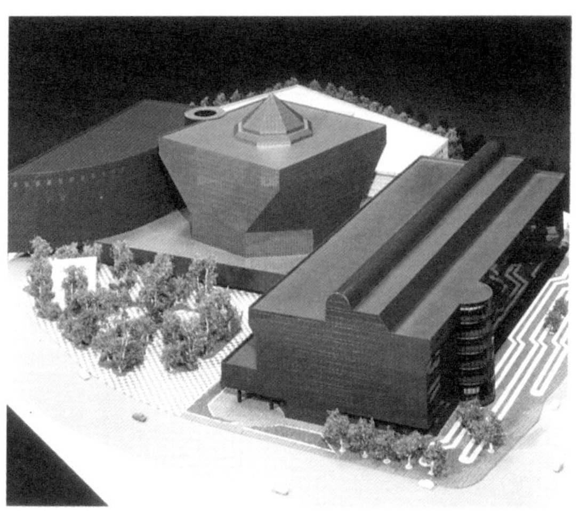

太平洋设计中心全貌

太平洋设计中心（蓝鲸）

莱斯大学赫林馆和学生中心

在这个极其尊重传统的校园中，佩里发展了“表皮建筑学”的应用范围，用石质和彩砖幕墙代替了玻璃。

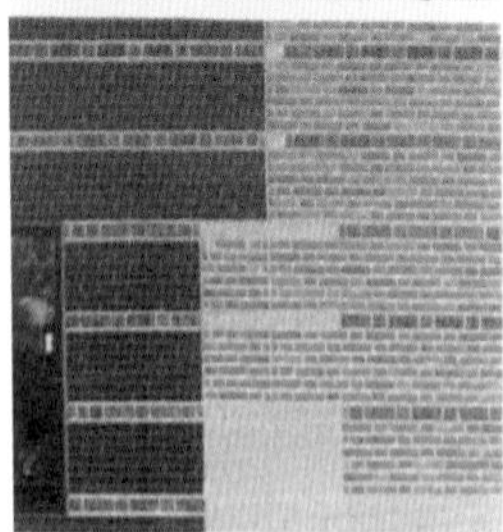
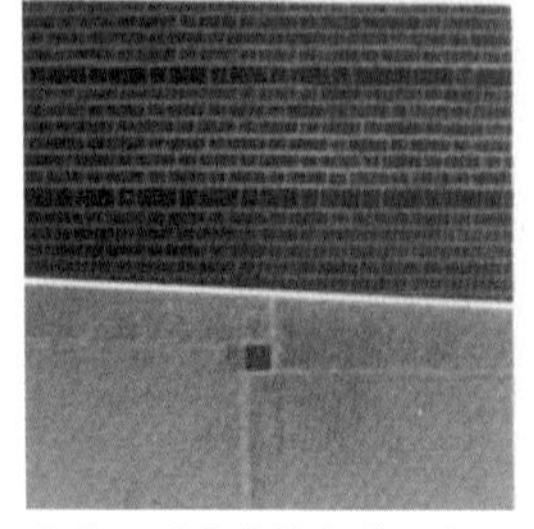

多种石质表皮的各种形态

莱斯大学赫林馆

纽约世界金融中心

它位于雅玛萨基的世界贸易中心的南面，紧靠曼哈顿的南岸。它的建成，振兴了曼哈顿南岸的整体开发，成为城市设计的一个典范。群体的中心是生态性的冬季花园，更具有前瞻性。在这里，佩里除玻璃外，还采用了薄片花岗石墙板。

纽约世界金融中心全貌

纽约世界金融中心冬季花园

佩里自述：

“我在埃罗·萨里宁处实习之后，1964年被聘为洛杉矶DMJM(Daniel, Mann, Johnson and Mendenhall)公司的设计部主任。对我来说这是个关键时刻，因为我正要检验自己的翅膀是否已经足以独立飞翔，并了解时局的发展趋势。安东尼·伦姆斯顿同意与我一起离开萨里宁事务所并担任设计部的副主任……我在学校里学到对结构的诚实表达是美的建筑的基本特征。以后，我又认识到：它是我们建筑与时代最强烈的纽带，不论采用何种风格。这个信念贯穿于我整个职业生涯。

我加入DMJM开始产出自己的设计时，就面临投资的限制、进度的紧迫以及业主对我期望精细处理以达到我要求的建筑的品位的极少支持。这种环境，加上我对结构与现代性理论的兴趣，促使我和伦姆斯顿重新考虑薄型维护墙的性质及其艺术前景。1965年，我们以一定的冒险精神设计了雕塑型的联邦总服务局大厦……采用反射玻璃和铝合金板，但由于资金短缺……未能达到我们的设计意图。

我们第二个薄型维护墙的尝试是全玻璃的，设计方案谦逊、经济、成功。这就是1966年设计、1969年建成的世纪城医疗中心，我相信它是第一座从地面到天际线全部用方格玻璃的纯立柱型摩天大楼。设计采用了比较新型的经济产品：陶瓷复面玻璃。我们在窗面用彩色玻璃，而在其他表面则用与窗色匹配的陶瓷复面玻璃。玻璃支撑在最薄、最细的窗间柱上，（而密斯设计的里弗大厦）用的则是表现结构与秩序的厚型支柱……

……1975年设计的洛杉矶太平洋设计中心使我得以把用二维表面定义三维体积的观念又推进一步。它（充分）利用方格的智性秩序和玻璃表面上变幻反射的效果。陶瓷复面玻璃所采用的深蓝色对人的感官产生瞬时的作用，打破了建筑的视觉平衡，使建筑形式更为有力而又易于接近。人们很快给它取了“蓝鲸”的绰号。后来我又设计了作为它的伴侣的一栋绿色大厦（1988年竣工），并计划再建一栋红的，以完成这个组合。

……莱斯大学的赫林馆用砖面层包络；纽约市的世界金融中心（1987年）用的是预装配的石质与玻璃板。我选用各种不同的材料并试图让它们在表现薄维护墙中取得创作的愉悦……”（以上摘自佩里《Observations for Young Architects》，美国monacelli出版社，1999年）

“人如其建（筑），建（筑）如其人”。佩里始终认为投资与材料不是限制，而是挑战与机会，他总是在有限的投资及建设条件中通过创新取得设计的成功，并从中取得职业的喜悦。我在他身上看到一位在复杂的市场经济竞争中坚持高超的职业道德的建筑师和艺术家，并且在阅读他的建筑中取得相应的喜悦。

到20世纪末期，佩里又在超高层建筑设计上享有盛名，他的作品已经延伸到伦敦、吉隆坡、中国香港等地，每栋高楼都有自己的个性（我在一部记录电影中看到他在查尔斯王子锐利的批评面前保持微笑的沉默）。他在1995年荣获美国建筑师学会的金奖。我们的“对话”却逐渐还原到每年互寄圣诞贺卡而已。然而，他所坚持的“以制约为挑战”的信念，却对我树立了一个建筑师的职业道德品质标准，使我终生难忘。

11 阅读建筑——小结

静观(摄影、高空俯视)、运动（漫步、疾驶、跨时）、联想等是我试图用现象学来阅读建筑的几个主要方法；而与创作者的对话，却超越了现象学的范围，而进入实证派的领域。

当然，要阅读建筑、理解建筑，应当绝不止这几种方法。我也试图探讨其他途径，特别是想用佛学中禅宗的“顿悟”法，却没有取得成功。

我开始以为禅宗的“顿悟”与现象学有共同点：它们都依靠直觉和潜在意识来领会事物的本质。然而，我很快就发现禅宗的“顿悟”要求人们处于一种“无我”/“无物”的境界（“菩提本无树/明镜亦非台/本来无一物/何处惹尘埃”），而现象学却强调“有我”/“有物”（“我”处于主导地位），二者绝不相容，既然摆脱不了“有我”，“我”也无缘达到“顿悟”。

然而，在探讨“顿悟”的过程中，我却有个意外收获，即意识到“第一印象”的作用。按照分析逻辑，“第一印象”往往是原始的、粗糙的、片面的，因而是不可靠的。但事实上，这种原始的印象，却往往让人们更接近本质，而在进一步的“理性”分析中，这种“顿悟”却可能由此消逝。因此，我总是强调在阅读城市与建筑的时候，一定要捕捉和保留自己的“第一印象”，也是这样考虑的。

另外，我也试图从佛教唯识宗的“八识”论来理解建筑，特别是形象思维的规律。这里也产生同样的问题：佛教是主张“无我”的，因此在佛教文献中，第七识（末那识）因为有“我”而往往带有贬义。今天我们谈阅读建筑与建筑创作，却必须强调“我”的作用，所以就与唯识论的正统阐释处于对立的立场。但是我理解：佛教中贬低“我”，是反对贪婪、自私；如果我们坚持应有的职业道德，例如佩里那样把投资、材料等的限制看作挑战，用创新设计实现设计的高效益，是否也可以运用末那识来做好设计呢？也可以说，我们是用某种程度的“变相”来应用唯识论的“八识”。

总之，阅读建筑的方法可以有很多，除了以上介绍的几种方法之外，我们总还是可以从其他方面的经验来丰富我们的阅读方法。

不管怎样，只要你对阅读建筑有兴趣，读粗读细，读深读浅，读里读外，都会给你极大的乐趣，使生活变得更有意义。

12 我阅读建筑的几个实例

实例 1 金字塔与窣堵坡——它们要显示什么

1947年，我16岁。国内一片动乱，父母决定不等我中学毕业就送我去美国读书。在出国前，母亲让我多看看中国，于是我去南京一游。我在玄武湖泛舟，到中山陵朝拜，最后到明孝陵。当我隔了一个铁栅门看里面的坟堆时，忽然发了一个奇愿：

“今世不见金字塔，此生虚度！”

以后是半个世纪的风风雨雨，少年时的誓言早就忘了。到20世纪末当我决定退出历史舞台时，忽然有机会可以去埃及参加一次会议。也许是“上帝”的恩赐吧，我马上抓住这个机会与老伴自费前往。

一个星期天，我们和深圳大学的许安之教授同去开罗郊外的吉萨金字塔。当我从汽车上看到沙漠中朦胧地出现三座锥形塔时，想起了当时的誓言，潸然泪下。也许是太兴奋了，在走下金字塔时，竟跌了一跤。虽然不是重伤，却像是法老给我提出了某种警告。我拖了跛脚走到狮身人面像前，向它致敬。转过身来看眼前的三座塔，忽然觉得它们隐含着莫大的秘密，法老给我提出某种警告只是秘密之一。身后的狮子在问我：

“你能识破我们的秘密吗？”

在我无以回答时，狮身人面像并没有吞噬我，把问题留给我在有生之年慢慢琢磨。

开罗吉萨金字塔

在狮身人面像前

回国后，我用《易经》给自己算了一卦，得“小过”，艮下震上，“卦辞”曰：“飞鸟遗之音，宜下，不宜上”。想起那狮身人面兽本来是有翅膀的，算是“飞鸟”吧，她向我传达了法老的警告：“宜下不宜上”，正符合我退出舞台之愿望，于是就在已退的“官职”之外，卸退了各项“准官职”（但也有一两项推不掉的），守庐读书10年，得益不少。因而把飞鸟、法老视为良师挚友，感激不尽。

（特此声明：本人在此没有宣传“算命”之意。事实上，我发现，由于《易经》概括了古人对自然、社会、个人生活发展规律的认识，于是不论你抓到哪个卦，都可以从中取得某种启示或警示，即所谓“诚则信，信则灵”，没什么神秘。对我来说，《易经》是一个生活伴侣，随时给我提供生活启示。）

在此期间，我翻阅了一些关于金字塔的书，知道原来探索它神秘意义者大有人在，五花八门的解释无奇不有。我最佩服的是诺伯格—舒尔茨的《西方建筑的意义》一书中对金字塔的历史和意义的阐释。然而我始终念念不忘自己从汽车中首次朦胧地看到那三座塔时的感受，总感到需要自己去解剖它的秘密。就像学生做题，尽管老师已有了最标准、最佳的答案，学生还得自己做一遍。阅读建筑也是如此，何况金字塔是人类最古老的纪念建筑之一，如果我解决不了这个课题，此生真是虚度了。

暂时放下金字塔，说窣堵坡。因为后者是帮助我理解金字塔秘密的一把钥匙。

窣堵坡（stupa）起源于印度、尼泊尔一带，后传到西藏，北京的白塔寺就是由尼泊尔建筑师阿尼哥带来的一种形式。

我最早是在1963年参加援尼泊尔专家组时参观了加德满都的博大哈窣堵坡。我当时受“宗教是鸦片”思想的影响，对它并不重视，感到它像是个游乐场里的招牌。

到我年过八旬，有机会第二次访问尼泊尔时，我却迫不及待地要再去访问它，并试图阅读它、理解它。

我在尼泊尔的蓝毗尼（释迦牟尼出生地）看到早期的窣堵坡。它是一些佛教高僧的墓地，有的用砖砌成一个圆台，比土堆要考究一些。那大约是公元前5世纪的事。

据说释迦牟尼圆寂后，留下的舍利埋在八个窣堵坡中，阿育王把它们拆

蓝毗尼的早期窣堵坡

了，在各地修造了几万座窣堵坡，以纪念佛祖，并扩散佛教。由此出现了众多窣堵坡的形式，其性质也从墓葬演变为礼拜建筑。这是公元前3世纪左右的事。

在不丹的国家博物馆中，我看到一幅图和注解，声称不丹在3世纪就形

不丹巴罗大庙前的窣堵坡

尼泊尔加德满都博大哈窣堵坡

成了我们今天在北京白塔寺看到的那种塔形窣堵坡。今天在不丹的巴罗市郊外，有7世纪西藏王松赞甘布建造的大庙，它的正面就有两座白色的塔形窣堵坡。这些窣堵坡已经是比较成型的宗教礼拜神座了。

尼泊尔加德满都苏瓦扬布窣堵坡

然而，这种塔形并不是窣堵坡的唯一形式。作为礼拜神座，还出现了一种类似埃及金字塔的巨型结构。我所看到的是尼泊尔加德满都的博大哈窣堵坡（Boudnath Stupa,又译觉如来庙），建于5世纪（一说是14世纪）。正是它给我提供了理解埃及金字塔秘密的钥匙。

其实，博大哈在当地并不是最老的窣堵坡，更老的是距今两千年前出现在加德满都西郊一座小山上的苏瓦扬布神庙(又译自在如来庙)。

曼陀罗图案与平台

据说，加德满都河谷原来是一个湖。多年前，文殊菩萨来到此地，用宝剑在山口劈了一个缝，湖水泄出后，原来浮在水面上的一朵荷花停留在小山上，自己变成了一座窣堵坡，就是现在的苏瓦扬布庙。

我因为年老体衰，无力爬到山顶。只能在地面上参观晚几百年建成的、位于市内的博大哈庙。从图片上看，苏庙简单含蓄，有点类似金字塔的缄默和神秘，而博庙“花样”多，“透明度”大，向人们透露了许多“秘密”。

博大哈可以从下到上分成三大层次，每层都包含众多象征意义。最底下的是三层逐步缩小的曼陀罗（mandala）平台。这是盛行于印度教与佛教的一种艺术形态，它由围绕一个中心的一方一圆组成图案。方形边界像一圈围墙那样地包围着里面的圆形，在它的东南西北各开一门，就像一座城市（我们的北京似乎也脱胎于此）。据说，它象征的是一块“神圣的土地”。因此，在博大哈，这三层曼陀罗平台就象征了大地。

平台之上，有一覆钵形的大型半圆穹体，也就是窣堵坡的主体。用我们的土话来说，就像一个大馒头，据说里面塞满了各种神物（但没有金银珠宝，否则早被盗空了）。关于它的象征，有各种说法（例如有一种说法，称它为“创世的子宫”）。但据我理解，它就代表了天体—宇宙。

在馒头顶上，有一个尖塔。它又有三个层次：底下是一个方盒，每个立面上都画有一双大眼睛，神秘兮兮地视察着人间世界。眼睛底下是一个问号似的鼻子，但文献马上告诉我们：它们不是问号，而是尼泊尔文中的“1”字。于是神秘感就大大减弱，原来人们以为的问号却是答案：告诉你天地合为一体。

“眼”与 “1”

方盒之上是十三级圆或方盘。在苏瓦扬布庙，用的是金光闪闪的圆环，在博大哈，用的是洁白的石阶。这里也没有什么神秘，因为佛经中早已告诉

苏瓦扬布窣堵坡顶上的十三级圆盘

我们：要达到大觉大悟，要经历十三个回合。

在十三级之上是窣堵坡的顶峰，可以是一个金盘，也可以是个帽盖，总之，它象征功德圆满，大觉大悟。

这就是窣堵坡的意义：一个告诫人们信奉天地的合一，用自己的努力经过十三层次的轮回达到大觉大悟的生命历程。本来这四对眼睛和下面的鼻子可以引起无数遐想，如今被它解释得一清二楚，对我来说，就不那么好玩了。

但是，它却给了我去解答金字塔秘密的一把钥匙。主要是它用以引起人们崇敬心理的两大建筑手段：庞大的几何性主体以及附带的人性化的象征性符号，使我想起了埃及的金字塔。

我于是试图回答“飞鸟”给我提出的问题：金字塔的秘密是什么？

为此，我必须回答两个问题：①金字塔显示了什么？②人们为什么要建造它？

对第一个问题，我的回答是：金字塔表达了神权对“永恒”的追求。

它是通过多种途径来表达“永恒”的，主要有四：

意念的表达

埃及人得天独厚，尼罗河定期的涨落，肥沃了她的土地，也使她在多变的世界中看到了不变（永恒）的规律，人们只要遵循这些规律，就可以取得生存与发展。法老们建造巨型的金字塔，就试图建造一个浓缩的宇宙（天地合一），自己的墓穴也在这里得到永生。

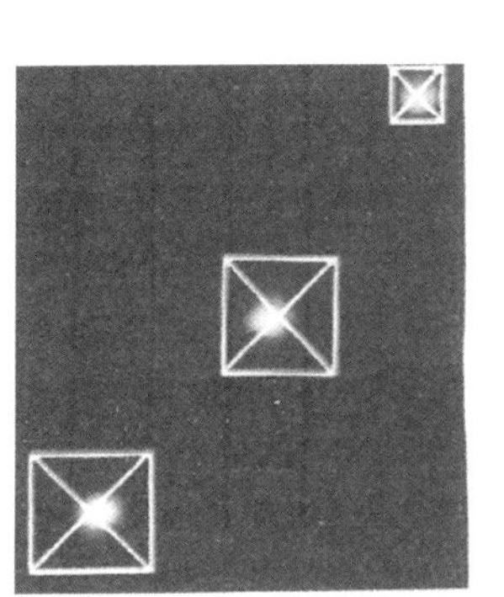

金字塔与奥里昂三星的位置对应

天体的表达

古埃及人很早就对日月星辰有长期的观察，掌握它们的方位变化与农业的关系。有的学者指出：狮身人面像（我的“飞鸟”）、吉萨三塔与尼罗河之间的相对位置，恰好等同于公元前一万年时里奥、奥里昂三星(猎人座)与银河之间在天空的相对位置，从而赋予这些人造物与天体之间的呼应性。

几何的表达

与天文知识一致，古埃及人对数学原理的掌握也是很高超的，因而能建造出像金字塔那样巨型而又极其精致的建造物。现代人发现：吉萨金字塔的方位是根据正北（而不是磁北）确定的，平均误差不到12"。它的底部四周之长与高之比恰好是数学上的2π（误差0.05%）。塔的底长与高度之比为1.57，相当于我们常说的“黄金比例”。无怪乎希腊的数学/哲学鼻祖毕达哥拉斯就在埃及学习过[罗素说“他的大部分智慧都是在那

金字塔与“数”

里（指埃及）学得的”]。他继承了他们的神秘主义，提出“万物皆是数”的原理。

事实上，埃及金字塔的神秘性很大程度隐存在它的数学性中。最简单的几何形制恰好是最含蓄的，因而给人以最大的神秘感。而金字塔体现的永恒性，与其说是在物质方面，不如说是在它的数学性中。

金字塔近景:石块

材料的表达

吉萨金字塔使用了230万块石灰石块和8000t花岗石（用于墓室），这当然是它们能保存至今的基本物质因素。

特别值得指出的是：吉萨金字塔主要是用它几何性的简洁形象，说出了无须多说的话。它们不像后来的窣堵坡那样，到处用各种人性化的象征符号（眼睛、鼻子等）来表达自己。在吉萨，“人性化”的象征主要是躺在其边上的狮身人面像，然而，它并没有用语言文字来“透露”金字塔的任何信息，相反，却增添了它们的神秘感——俄狄浦斯、恺撒、拿破仑，历代英雄都在它面前“竞折腰”，即可说明。

显然，在距今4600多年以前，要建造

这样巨型的结构，所需的人力财力必然是惊人的。即以三塔中最大的胡夫塔而言，它底长230.4m，顶高146.5m（侵蚀前），估计全塔用石灰石230万块，都要从矿山开采后打琢（其精度达到石块叠合后缝隙小于0.5mm），运输到工地后，精确地提升到位。根据记载，它修造时间为20年，等于每小时（不分昼夜）要提升12块。此外，墓室用的花岗石块要从500英里（1英里=1609.344m）外运来，也耗工巨大。现在人们仍无法知道当时采用何种工具及技术进行开采、加工（据说是用一种大型铜锯）、运输和提升。

对第二个问题（人们为什么要建造它？），从文献可知：

埃及当时所有国家资源几乎都被投入为王室建造金字塔这一伟业之中。事实上，金字塔不是奴隶或自由民建造的，而是一批干劲非凡的熟练劳动力所为。金字塔的原料供应和建筑体制一环扣一环，错综复杂，分工合作异常细致，使得数量惊人的建造大军形成了世界上第一个民族统一国家，为这一巨大工程而设立的部门，如工头、石匠、经理、粮食筹办、抄写和监工，就成为当时的政府部门。金字塔提供了秩序和意义，埃及人被锤炼成一支劳动大军，埃及被熔融成一个国家单位，以建造这些充满抽象意义的石头巨作。

于是，金字塔不仅是一个雄伟的纪念性建筑，它建成时，埃及作为一个统一的、“军事化”（或“准军事化”）的国家也同时产生，而且随着一代代法老的修建，使这个国家及其体制不断得到新的再生，这就是建塔的动机和驱动力，它们已经从法老个人的墓葬扩大成为国家政权的奠基物。

于是，对神权—君权的统治者来说，修建金字塔和农业生产一样，甚至是更为重要的生产和再生产活动。就像我们现在许多地方刻意追求GDP一样，修建金字塔是一项寻求王朝永生的政治和经济活动，其GDP占世界首位。

诚然，随着国家的发展和人口的增加，这种耗工耗材的建设也日益成为重担。同时，建筑队伍的成长和建设技术与经验的积累，也促使新的建筑类型和建造技术日益成熟。于是，殿堂建筑开始替代这种厚实的巨型几何结构。不论是埃及的金字塔、南、东亚的窣堵坡以及两河流域的吉古拉（ziggurat）,都经历了同样的命运。

对我来说，阅读金字塔和窣堵坡给我的启示是:

最神秘的是最简单的，最简单的也是最神秘的

实例❷ 雅典卫城——通用与特殊

纪念性建筑（陵墓、庙宇、纪念碑等）从最初的坟堆发展为简单几何性的巨型结构(金字塔、奢堵坡)，又演变为梁、柱、顶组合的殿堂，反映了人类文明发展的不同阶段，也标志着人类文化的进展。

殿堂建筑不是一夜形成的。在18世纪，法国的劳吉尔神父对人类的“原始屋”进行了探讨。他认为最早的房屋是用四棵大树为柱，用树枝为梁组成三角屋架，再用树叶覆盖为顶。这种“原始屋”只能作为原始人避风挡雨之用。当他们需要向祖先和神进行祭拜时，就先出现简单的坟堆，逐步发展为像金字塔、窣堵坡那样的巨型几何结构，最后再发展为殿堂建筑。这种殿堂，先是木造的居住建筑的扩大，以后为了追求永恒性，转变为石造（但在中国，由于对“永恒”的观念不同，长期以来仍然用木造）。这种石造建筑，首先要在结构坚固性上取得保证，然后要在建筑美学上独创一格。在西方（包括埃及），最美丽、最高雅的纪念性殿堂建筑，莫过于古希腊雅典卫城（Acropolis）中以帕提农（Parthenon）和伊瑞克提翁（Erechtheion）神庙为核心的建筑群体。

位于地中海和黑海沿岸的希腊是一个多山的国家，交通不便，聚居在各地的人们组成了独立的“城邦”，各有其自己的文化和保护神。在公元前5世纪前后，希腊有1500个左右的“城邦”，大多数实行寡头或个人专制。

在公元前508/507年，雅典（总人口约25万）率先建立了民主制，并一度成为希腊最强大、最发达的城邦。但是在强大的波斯侵入面前，不得不与其他城邦结成联盟，在公元前490年和公元前480/479年相继抵抗了波斯的

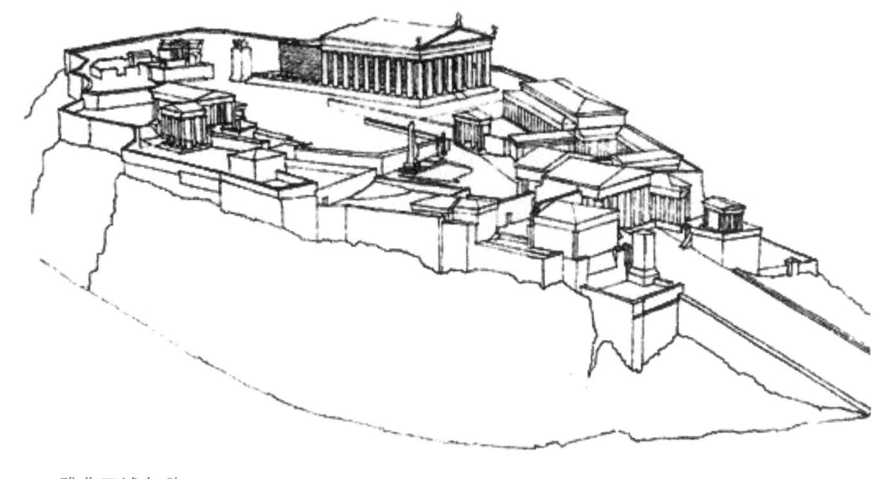

雅典卫城鸟瞰

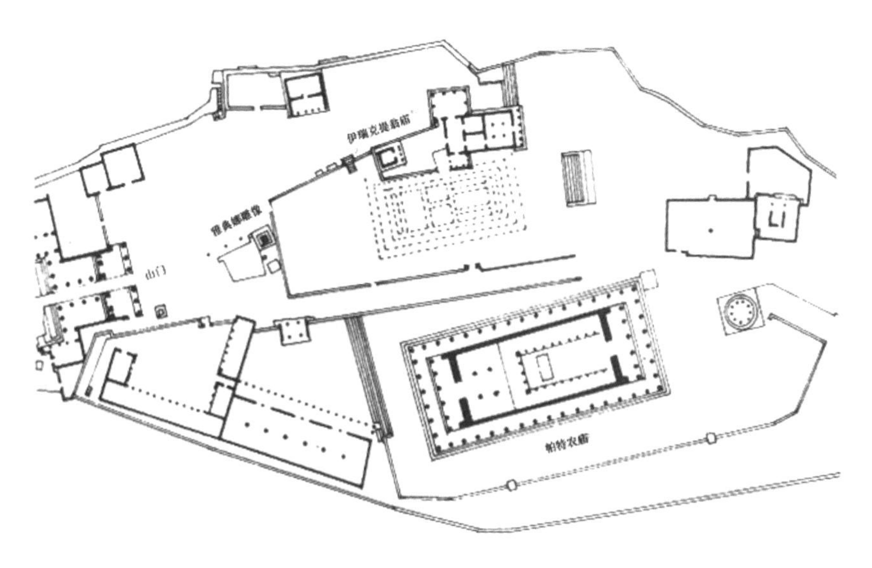

雅典卫城平面图

侵略而取得胜利，建造了辉煌的神殿建筑,创造了灿烂的文化艺术（包括戏剧、雕塑、诗歌等），涌现了像苏格拉底、柏拉图那样的伟大哲学家。但在公元前434~公元前404年战败于斯巴达而走向衰落,直至公元前332年被马其顿灭亡，亚历山大大帝统一了希腊，并大大扩大了领土，说明单一的城邦是难以独立存在的。

雅典最知名的神殿是卫城（阿克罗波利斯），它建立在一个能俯览全城的山冈台地上。台地上似若随意却是精心地布置了大小不等的神庙，其中最主要的是以城邦保护神雅典娜的高大露天雕像为中心屹立于其南北的帕提农和伊瑞克提翁神庙。人们认为：卫城及其神庙建筑，以其纯朴和宏伟，代表了希腊建筑文化的艺术顶峰。

帕提农神庙是在执政官伯里克利的号召下，在雕塑家费提的统一组织下，由建筑师伊克提诺斯和喀里克拉提斯设计，各地能工巧匠和艺术家们聚集建造的。在公元前447年开工，公元前438年完工（雕刻在公元前432年才全部完成），成为全希腊最美丽的建筑之一。它以长宽为9：4的比例，用周边46根10m多高的多立克式大理石柱围成建筑空间。室内有一长条形圣堂，内以23根柱子包围着用象牙和金饰的近10m高的战神雅典娜雕像。沿周边柱顶的檐壁上，有92块“垅间板”雕刻着雅典娜的战功。神庙东西两端的屋顶山花分别雕刻了雅典娜的诞生和她与海神波塞冬的战斗。整个建筑庄严、肃穆，最突出的是它以简单的空间布局为朝拜者和参观者规定了行走的路线。人们在前进过程中，既瞻仰了战神的雕像，又鉴赏了周边柱顶上的浮雕，无不引发一种对本城邦保护神崇拜和感恩的心情。

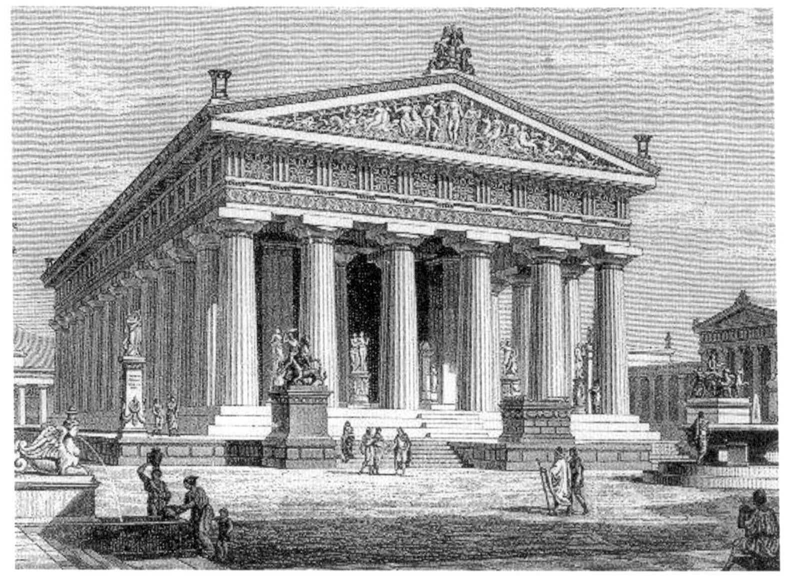

帕提农神庙还原图

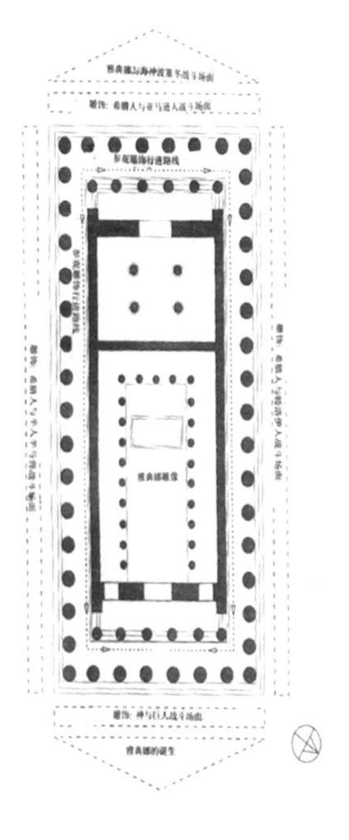

帕提农神庙平面图

在它北边的伊瑞克提翁神庙（建造于公元前421~公元前405年），其面积只有帕提农的六分之一左右，却别具特色。在东西两室中，布置了以雅典娜作为地方保护神的木雕像以及若干与雅典历史有关的神、人的神位、墓地和祭坛。 这里有传说中雅典娜与海神波赛冬为争夺雅典保护神而战斗的遗迹，包括雅典娜击石而出现的橄榄树，以及波赛冬用三叉戟击地而出现的盐水井（因无用而输给雅典娜），说明雅典人仍把波赛冬视为自己的第二保护神，并认为他们的第一个国王伊瑞克丢斯是波赛冬的化身。所以这里的神庙堪称雅典的地方志博物馆。与帕提农的规整秩序相反，它的建筑空间是自由式的，人们可以从各个方向自由出入；又与帕提农多立克柱的粗壮雄伟相反，它以南面廊台上6根“女像柱”和竖立于东、北秀丽的爱奥尼柱式给这栋神庙赋予了女性的温柔。

卫城主要建筑现状（杨友龙摄） a）卫城远景

卫城主要建筑现状（杨友龙摄）
b）帕提农神庙

卫城主要建筑现状（杨友龙摄）
c）伊瑞克提翁神庙

卫城主要建筑现状（杨友龙摄）
d）卫城山门

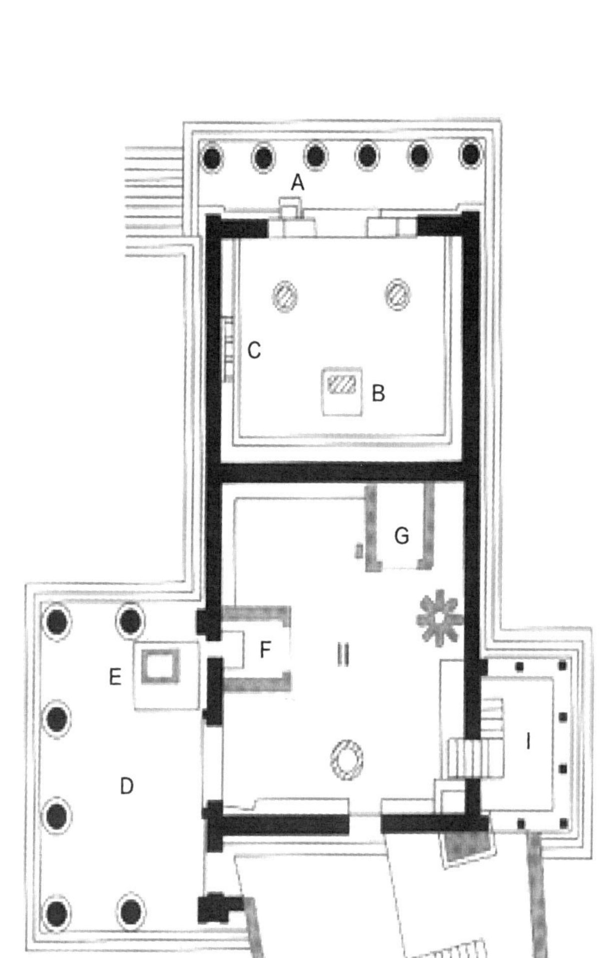

伊瑞克提翁神庙平面图：

A–宙斯神坛
B–波赛东/伊瑞克提翁神坛
C–巫师座
D–北郎
E–雷打痕迹
F–伊瑞克丢斯墓
G–雅典娜神坛
H–橄榄树
I–女像柱廊

美国建筑评论家索菲亚·萨拉写道：“两座神庙及其差异：正规与非正规，正式与非正式，可见与不可见。通过各自的故事承载着对立：普世的与特殊的，一般的与变异的，当代的与古老的……”。她认为：“通过帕提农，雅典以一个帝国（或国家）的姿态昂首前进，而伊瑞克提翁则以神话的地域性表现了一个自主的入口和场所”。

可以说，雅典卫城神殿的双重特征象征了这个城邦的文化本质：一方面，它具有惊人的凝聚力，在强大的敌人（波斯）面前坚忍不屈，在联盟合作下取得战争的胜利；另一方面，它产生了哲学、数学、技术、戏剧、诗歌、雕塑、彩陶等的辉煌成就。它所创造的文明被称为“西方文明的摇篮”。

法国结构主义哲学家列维–施特劳斯说：“这两座神庙的任务是对一个面临如何与延伸到神话式遥远过去的土地的自然联系与通过文化创新与过去决裂的难题提供答案……两个神庙的对立性框架显示了人类思维可以协调互相矛盾的经验要素，从而……使文化捆绑于自然”。[自Levi–Strauss,C（1963）:Structural Anthropology. trans.C. Jacobson and B.G. Schoepf. New York: Basic Books]

介绍雅典卫城的书籍、论文、照片浩瀚如海，它们分别从建筑历史、技术与美学等多方面赞美了这个人类文化的历史奇迹。我在这里只想从一个方面谈一些“阅读”体会：即卫城与城邦文化的关系。

当时希腊的1500个城邦主要关心的是加强自身武装力量，抵御外敌，它们的保护神都是战功赫赫的。与雅典争夺盟主权的斯巴达更是黩武主义的代表。而雅典所以能在诸多城邦中出类拔萃，主要在于它“文武并重”，在“文”的方面主要靠两点：一是繁荣学术；二是建立民主制。

雅典的“文武并重”，突出地反映在它的建筑——特别是在卫城中，其基本特征就是“规整与自由”的结合。“规整”反映“武”，自由反映“文”。

“规整”的主要代表就是帕提农，特别在它的“柱式”，它完美地体现了一种规整美和秩序美。

挪威建筑评论家诺伯格·舒尔茨生动地描述了希腊（不仅是雅典）在长期建筑实践中形成的三种主要柱式的象征意义：

“因此,我们可以这样理解,柱式可以被认为是人类基本特征的具体化。事实上,维特鲁威已经意识到,多立克具有男性特征,科林斯具有女性特征,而爱奥尼则代表中庸。因此,建筑的任务取决于柱式的选择。‘对于密涅瓦 （Minerva，智慧女神）,玛尔斯（Mars，战神）以及海格立斯（Hercules，大力神）而言,希望建造多立克神庙；对于这些神而言,由于他们的力量,建筑应当没有装饰。科林斯风格的神庙设计,似乎有适合维纳斯（Venus）、花神（Flora）、普洛塞尔皮娜 （Proserpine，冥后）、喷泉（Fountains）、居于山林水泽的仙女(Nymphs)的细部； 因为对于这些女神来说,由于她们的文雅,建筑比例纤细,并且用鲜花、树叶、螺旋和涡旋来装饰,这样看起来才获得了一种公正的装饰格调。对于朱诺（Juno，主神朱庇特之妻）、戴安娜（Diana，月亮女神）、巴克斯父（Bacchus，酒神）和其他类似的神而言,如果建造爱奥尼神庙,可以从他们的中间特征中寻找依据,这是因为确定他们的神庙的特征,需要避免多立克的刚性和科林斯的柔性特点’。……一般假设,三种古典柱式都能够表达所有的基本特点,因为它们代表了两个极端和一个中庸”（取自诺伯格·舒尔茨：《巴洛克建筑》，刘念雄译，中国建筑工业出版社，2000年）。

以上是对希腊柱式的一般描述，但到每个具体建筑，却又各有特色。同一作者在描述帕提农神庙时写道：

“帕提农神庙,主要是多立克风格的,却极少有真正属于多立克的重量感。它的许多根相对细长的柱子已经给人以爱奥尼般的观感，这种印象在主要内廊（pteron）后面的前柱式柱廊的引进中得到了进一步加强，这柱廊上面，就是关于泛雅典娜游行的著名的连续饰带。内殿和近似方形的西面房间有着真正室内空间的性质。有着中殿和两个侧廊的内殿，里面是一个菲迪亚斯用黄金和象牙制作的雅典娜巨像，西面的房间是女神的财宝库，有着一个由四根爱奥尼柱子支撑的格子顶棚（coffered ceiling）。室内空间和雕塑性形体在这座建筑中结合在一起，体现出一种女性的优雅和男性的力量的完美结合。”

对伊瑞克提翁神庙，他的描述是：

“伊瑞克提翁神庙有着复杂的形式,这也是要围护许多传统神圣领地的结果,这和帕提农神庙的简单与纯粹,形成了一种绝妙的对比。‘不对称的、比例优雅的伊瑞克提翁神庙,古老传统中的土地祭祀人性化了,变得格外清晰易懂,而且市民化,而在帕提农神庙,那种可以被称为人们对于雅典娜的理解的东西,变得出乎意料的辉煌，君临一切而神圣’。两座建筑都结合了多立克和爱奥尼的特征。在伊瑞克提翁神庙,爱奥尼风格占据了主导,并且,在女像柱的门廊,用六个女像（Korai）进一步地进行了自然主义的解释。但是在它的其他柱廊中,却有着接近多立克的厚重的檐部”。

他概括地写道:

> “雅典卫城永恒的价值,包括它对人类社会作为自然与人的和谐共处的象征。在这里,人类理解了自身却又对所居住的土地不失敬畏。正是因为深刻理解在自然环境中所处的位置,人类开始了解了自己”[一]。

我体会，诺伯格-舒尔茨在这里对雅典卫城两栋主要建筑，不仅是从其柱式的应用，同时还在它们的建筑空间处理上，精辟地指出了它们的文化意义和象征价值。事实上，二者就像一对夫妻结合成一个家庭，缺一不可。

对我来说，阅读雅典卫城建筑，除了赞赏它本身的文化价值之外，还有一个意义，就是理解它所揭示的“城邦文化”的历史价值。

古希腊城邦文化的黄金时期(或称“经典时期”)是在公元前500~公元前300年之间,也包括雅典卫城建造的时期。这种城邦以一座城市为中心,加上周围的农村而形成独立的政体，对发展地域文化起了决定性的作用。其中最出色的是帕里克里时期的民主体制，其主要特色就是“文武并重”，在这里，“文”起了主导的作用，它培育了公民的文化素质，促成了公民强劲的凝聚力。这种凝聚力，表现在帕提农神庙的“规整性”，但其根源却产生于伊瑞克提翁神庙的“自由性”，产生于它对地域文化的热爱和尊重。

㊀ 诺伯格—舒尔茨《西方建筑的意义》，李如珂、欧阳恬之译，中国建筑工业出版社，2005。

这种地域性被马其顿的亚历山大大帝所征服后，并没有从历史上消失。史学家们列举了古罗马城市（佛罗伦萨、米兰、威尼斯、那不勒斯……）以及神圣罗马帝国的一些小盟国的地域特色。这种地域文化特色，在中世纪天主教政教合一的统治下，仍然不断增长，在文艺复兴时期更加明显。

直至今日，除了有新加坡那样的现代城邦国家之外，在民族国家已经取代城邦而实行政治上的大一统之际，以城市为中心的地域文化仍然强劲地存在与发展。即使在企业利益主宰一切的美国，在现代主义建筑风格席卷全国的形势下，我们在不同的城市：纽约、波士顿、芝加哥、洛杉矶……仍然能看到鲜明的地域特色。这并不奇怪，因为人的本性就要求有一种地域的归属感。这也是在巍峨的帕提农神庙建成后，雅典人还要在它对面建造另一个小神庙，来纪念为雅典城邦做出贡献的神祇，而把它与帕提农占有几乎同等神圣地位的原因。可以说，建筑的文化价值就在于它的独特性。千篇一律的模仿抄袭，不管如何虚张声势，仍免不了受到公众的鄙视与否定。

对我来说，阅读雅典卫城的主要启示是：

通用与特殊、“普世”与地域的共存与结合

（本实例部分照片由杨有龙先生提供，特表感谢。）

实例③ 巴黎旧城改造中的奥斯曼公寓——城市“母体”的典范

前两例阅读的都是“标志（地标，landmark）”建筑，本例和下例将阅读“母体（matrix）”建筑。事实证明，“母体”是城市的基础，它的产生与发展同样是有声有色，富有浪漫气息的。

在对城市的阅读和认识中，我始终遵循意大利建筑师阿尔多·罗西（Aldo Rossi）把城市建筑分为“标志”和“母体”两大类的准则。事实上，经常有人只注重“标志”（名片），认为建几栋摩天楼（世界最高？亚洲最高？中国最高？本省最高……）或明星的“签名”建筑就有了“招牌”，外资和游客就会滚滚而来，为此甚至把“母体”建筑大片拆除来为“标志”让路。

这里用的“母体”一词，英文为matrix，有很多种翻译，我顽固地选择“母体”的译法，因为我认为它最恰切地形容了此类建筑的性质和作用。它指的是：一个城市中林林总总的普通建筑（多数是民居住宅），产生于这个城市的文脉（地理、历史、气候、人文……），又反过来生成其他建筑（包括“标志”）。在我国，最显著的“母体”有北京的四合院（它是故宫这样的“标志”的“母体”）、上海的里弄住宅、广州的骑楼等。而在欧洲，我认为最突出的是19世纪在巴黎旧城改造中出现的“奥斯曼公寓”。

巴黎：“标志”（凯旋门）与“母体”（奥斯曼公寓）相映见辉

发生在法兰西第二帝国时期（1852—1870）的巴黎旧城的大规模改造，要首先归功（归罪？）于两个人：皇帝拿破仑三世和他所任命的塞纳地方长官（相当于巴黎市长）奥斯曼。

拿破仑三世（全名查理士·路易·拿破仑·波拿巴，简称路易·波拿巴，1808—1873）是拿破仑一世的侄子。他的父亲被后者封为荷兰国王，但随着拿破仑的战败同时下台，全家流亡到瑞士与德国。路易·波拿巴年轻时就投身波拿巴势力的复辟活动，几经失败，在1848年（40岁）参加第二共和国选举获胜，成为总统。由于国民议会否决他连任总统而举行政变，自立为第二帝国的皇帝（被马克思讥讽为“笑剧”），直至1870年在与普鲁士的色当战役中战败投降。第二帝国也随之瓦解。

路易·波拿巴所处的时代正是法国工业革命蓬勃兴起的时期。和他的叔父一样，他雄心勃勃地要使法国称霸于欧洲，并插足于亚洲。在他的统治时期，发生了第二次鸦片战争，英法联军攻入北京，烧毁和掠夺了圆明园，与满清签订了不平等条约，法国还同时征服越南与柬埔寨。

他在对外扩张的同时，对内主要的举措就是改造巴黎旧城，要把它建设成整个欧洲的首都。他亲自绘制城内主要道路的规划图，并且在当时的巴黎地方长官伯格贯彻不力的情况下将其撤职，改任奥斯曼担任此职，在17年中使巴黎面貌焕然一新。

乔治·尤金·奥斯曼“男爵”（George Eugene Hausmann，1809—1891）在1853—1870年的17年中，在皇帝拿破仑三世的支持下，大刀阔斧地拆毁了旧巴黎60%的房屋，建造了一个新的首都城市，成为旧城改造和城市规划的一名先驱。后人对此举的评价有甚大距离，有褒有贬，但到今天，似乎“褒”的多些。

奥斯曼并不是一个世袭贵族，他的“男爵”称号来自其外祖父——拿破仑一世手下的一名将军。他祖父是一名行政官员，父亲是报刊撰稿人。他受过良好教育，在大学主修法律，又学音乐，21岁担任尼拉区的副长官，1853年被拿破仑三世看中接替伯格为塞纳地方长官，实施拿破仑三世的巴黎改造计划。此后的17年中他忠心耿耿、大刀阔斧地为皇帝的远大设想服务，先后在市内修造了12条全长114km宽广、笔直的林荫大道和大街，种植了10万株树木，设置了城市东西两端的大型森林公园和市内多个广场和绿地，修筑131km长的城市供水管道和172km长的下水道系统，在拆除旧城的基础上沿街建造了多座大型公共建筑（最著名的是巴黎歌剧院）并由开发商建造了大量新公寓住宅。在1870年第二帝国垮台前因债台高筑（整个旧城改造共花费25亿法郎），导致他在一片责骂声中被免去职务，21年后在默默无声的孤独中郁悒而终。但是他留下的遗产使巴黎成为欧洲最美丽和发达的城市之一，其影响波及整个法国、欧洲乃至美国、加拿大、南美和大洋洲，其功罪也成为后人议论的一个主题。

早在公元前4200年，巴黎所在地就有原始人聚居。在公元前1世纪，古罗马征服了这一地区，在现在的城岛上建立了据点。但直到8世纪，巴黎才成为一座中世纪城市，以后不断发展，到13世纪已经是欧洲最大城市。意大利文艺复兴对它的建筑产生过影响，但是巴黎建筑却有着它自己在中世纪以来形成的特色。在波旁王朝时期，特别是太阳王路易十四在位时期，法国建立了自己的建筑学院，用自己的建筑师设计和建造了罗浮宫这样的宫廷建筑以及许多教堂、贵族府邸和普通住宅，创立了法国特有的古典主义传统。

巴黎的人口不断增长，给城市带来了沉重的负担。贫富差距的扩大，埋下了革命的种子。有资料介绍，1784年巴黎城市人口为64万~68万，其中第一（僧侣）、第二（贵族）和第三（布尔乔亚）阶级人数分别为1万、0.5万和4万，平民约60万人左右。众多贫穷人口聚居在富邸周围，拥挤不堪。城市道路狭窄，绝大多数的宽度在5m以下。道路弯弯曲曲，挤满了商贩和各种流民。卫生条件极其恶劣，人们从塞纳河取水，生活污水淌过路面又流入同一河流，整个城市常年处于窒息性的臭味之下。在1832和1849年发生了两次霍乱蔓延，仅1832年的一次就有2万人死亡。到1850年，城市人口又增加到100万，比1800年增加一倍。

尖锐的阶级矛盾，导致城市多次爆发群众性的暴力反抗，贫民们在狭窄的街道上设置路障，与警察和军队对抗。

19世纪40年代开始的工业革命，使法国经济有了飞速发展，铁路从四面八方通到首都，城市南北建成了几座车站，但是人们一进入城市，就陷入迷宫般的路网。当拿破仑三世下决心要在市内修筑宽阔道路时，竟发现没有一张可用的城市地图，以致奥斯曼要组织力量用一年的时间进行测绘。

在他们之前的统治者，不论是共和制或帝制的，都试图改善城市条件，但都在经济和实际困难面前畏难不前。即使像路易十四那样“气吞山河”的太阳王，也只能到郊外去建自己的宫殿。到拿破仑三世时期，客观形势已迫使他不得不下决心大力改造旧城，但也需要有奥斯曼这样有坚强毅力和卓越的策划和组织能力者，才能付诸实施。

奥斯曼对巴黎旧城的改造，总的说来可以归纳为三项：一是用无情的拆迁修通城内纵横交叉的道路网；二是建造了城市新的供水和排水系统，为保证塞纳河的清洁和城市的卫生创造了条件；三是沿新街修造了大批公共建筑、公园、广场和公寓住宅（后者由开发商投资），奠定了巴黎的城市新貌。

1）城市道路网的修建：为了实施拿破仑三世所画的市内道路规划图，奥斯曼策略地分三步提出计划，第一步先修造以贯通城市南北和东西的“十字轴”主干道；第二步在十字轴的基础上修建其他主要干道；第三步是修建连通这些干道与新增市区的次要道路。这种分步做法，既便于向财政部门要钱，也减少因拆迁产生的阻力。新的道路宽敞、笔直，两侧栽种30年的栗树，既解决了市内交通问题，也有利于城市通风，排除长久积聚的臭味。道路经过的地区原来都是拥挤的贫民区，大量贫民被强制迁往城东与郊外，也为当时集中在巴黎郊外的新兴工业提供了劳力。

2）城市供排水系统的修建：据资料介绍，拿破仑三世只醉心于打通道路，对城市的卫生条件并不关心，巴黎供排水问题的解决，可以说完全是奥斯曼的主意。他依靠助手贝尔戈兰德工程师到巴黎郊外寻找新的水源，第一步先从131km外的杜伊河引水到城外的水库；与此同时，他在1860年取得了郊外瓦恩山区泉水的使用权（但是171km的引水渠到1874年他下台后才建成）。这样，巴黎每天的清水供应量可从1854年的8.6万m^3增加到22.6万m^3。同时，他修筑了庞大的地下污水网，将排出口选择在塞纳河下游，并科学地采取了防止污水倒灌的措施。（现在我们许多城市，包括北京，遇到暴雨就出现道路积水，巴黎就没有这个问题）

3）沿街建筑和公共设施的修建：按照拿破仑三世的意愿，在巴黎城东与城西分别建造了两座大型森林公园（文森特与布洛涅森林公园，由建筑师阿尔方设计），同时，对巴黎的一些标志性历史建筑与公园，如凯旋门、卢浮宫、杜勒里花园、巴黎圣母院、地方法院以及新建的巴黎歌剧院、国家图书馆、东与北车站等，都在其周围建造了广场或花园，更突出了它们的标志性。随着经济的发展，出现了一种新的公共建筑类型，即大型百货商场，很大程度上促使市民消费生活的现代化。

改造后的巴黎大街和沿街建筑

沿街的奥斯曼式公寓与绿化、小品

改造前的旧民

新的大街的兴建，为房地产开发商创造了良好的机遇，沿街兴建了大量奥斯曼式的公寓住宅。这些住宅一般为5层高，底层是小商店、咖啡馆等服务设施，二层周边设铁栏杆，供富裕的户主居住，上面几层可以出租给其他住户，最上层是仆人宿舍，上覆盖有陡坡屋顶。这种水平延伸的、沿街立面大同小异的、等高的联排建筑，是18世纪巴黎建筑学院布隆戴尔教授提出的类型设计的发展。它的外墙一般用巴黎郊区在工业革命带动下出现的机械锯切割成的方块石砌筑，坚固耐久，简洁有力，人们称之为法国的新古典主义风格。

奥斯曼在旧城拆除中，对原有的标志建筑持保护和慎重的态度，有意识地把这些历史标志物保留为新建大街和广场的中心，成为新城的指路牌。更重要的是他在拆除旧城废墟上建造的新首都中维持了巴黎的文化延续性。这主要表现在新的大街布局以及沿大街两侧修造的大量“奥斯曼式公寓”，它们吸取了旧民房的传统，又继承和发扬了法国古典主义的城市建筑风格。

法国的古典主义风格是逐渐形成的，在17世纪路易十四成立法兰西建筑学院后，从理论到实践趋于完整，成为法国的一种民族风格。它提倡一种简洁的形式，着重于通过对称、比例、尺度、秩序感来体现建筑美，而不强调细部的花哨。奥斯曼的大街、广场、沿街树木、成排、等高的建筑正是以其

黎皇家广场:法国新古典主义风格的住宅区

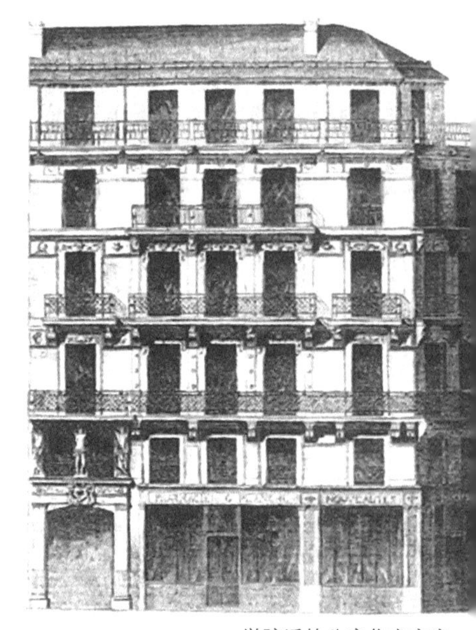

学院派的公寓住宅方案

巴黎歌剧院与奥斯曼式公寓并列

整齐、对称、简洁、富有透视感赋予巴黎以一种新的古典美。这种整体的古典美，固然有奥斯曼个人的作用（他规定了街道的等级、尺度以及对沿街建筑的体形和立面要求），但更重要的是众多建筑师的手笔，做到同中有异，重复而不枯燥。正如美国学者苏特克里夫指出的，这是法国当时建筑师在共同理念下的集体创作，致使巴黎的建筑在标准化的前提下各有特征。“参与、而不是指令，形成了新的巴黎”。雨果写道：“在显见的巴黎下面可以看到古老的巴黎，就像在新的字里行间可以看到老的文本”。

可以说，到19世纪末，人们对奥斯曼的旧城改造多数转而采取了基本肯定的立场。他开辟的城市道路系统至今还能适应现代城市生活（20世纪起添加了地铁系统，但地面系统基本没变）；沿街建造的奥斯曼式公寓成为巴黎的“母体”建筑群，尽管内部多次更新，但外部立面成为政府保护的文化遗产；新的建筑年年出现，但老城风貌依然引人入胜。

我曾经去过巴黎几次，在赞赏它保护旧城“母体”建筑的外部立面时，又强烈地希望能看到它们的内部。所幸的是，这个愿望逐步得到实现，其机会是：

1）有一次出席国际建筑师协会的一次会议，其法国籍副主席开招待会，邀请我们去他在公寓内二层的住所。这是奥斯曼式公寓中供房主使用的最高档的层次。我有机会看到它宽敞的客厅和高贵古典的装饰。

2）又一次我去访问一位在北京结识的女建筑师，丈夫是一位企业家。她家在另一公寓的三层，属于房主出租的层次。我看到了女主人亲自经手的优雅和精致的装饰，与前者的豪华迥然不同。

3）再一次最有意义，我应法国建筑师安东·格隆巴的邀请，在他于公寓五层的住所品尝他年轻的拉美夫人准备的简易晚餐。这一层过去是给房主家的仆人住的，现在也出租。这里是建筑师设计的现代简约主义的装饰。饭后，我们在屋顶阳台眺望巴黎夜景，没有高楼大厦的阻挡，一览无遗。这是我一生中难忘的一刻。

三次对奥斯曼式公寓同类但不同点、不同层次的访问，使我体会到混合居住的优越。这里的公寓内居住着不同阶层的住户（当然主要是中产阶级以上的），用不同的风格装饰内部，过着不同情趣的生活，和谐共处。这是何等理想的城市生活！

从奥斯曼的旧城改造，我看到了巴黎的文化延续性以及它巨大的“文化容量”（也就是在保持古城风貌的同时不断出现建筑和城市创新的能力），曾经以“宰相肚里能撑船”来描绘它。我体会到，巴黎的经验在于“保护母体，更新标志，新旧互动，延续与创新结合”，因而成为世界最美丽的城市之一。

阅读巴黎的奥斯曼式公寓建筑，给我的启示是：

城市的性格决定于它的“母体”

从格隆巴想到几位建筑前驱
——为大众盖住宅

我首次见到安东・格隆巴（Antoine Grumbach）是在1987年阿根廷一次建筑师盛会上。他介绍了自己在巴黎东北区（较贫困的一区）搞旧城改造的经验。他不是成片推倒，而是一栋栋旧房进行调查，分类对待，有的保留，有的改造，有的换新，改造后又要形成一个整体。此外，他对这个区内原来的工人住宅进行了形态学的研究，从中找到了新住宅的既有继承又有更新的设计。他的报告给我印象极深。回国后，通过建筑学会邀请他来中国参加学术年会。他在会上的报告得到戴念慈、李道增等前辈的高度肯定。戴老在会上提出了“文脉设计”的主张，在国内建筑界引起了广泛的讨论。会后，我带他在北京参观古建筑和新住宅区，他很有兴趣，同时也对北京的旧城改造提出了一些不客气的批评。

第二年，我有机会去巴黎开会。他热情地接待了我，抽一整天时间带我去看他在巴黎东北区进行的旧城改造，又去新城马恩拉瓦雷参观他设计的大学新城，然后在他寓所晚餐，观夜景，度过了极其丰富和愉快的一天。此后，我们很少交往，后来，我在报上看到他被邀为总统提出21世纪巴黎的规划，知道他依然活跃。

由于他活动的范围主要在巴黎东北区，所以他带我去参观的也是这个区内他的作品。首先是一栋老的贵族府邸的改造。这栋建筑，如果是在我国，早就被画上“拆”字了，但他坚持不拆，把它改造为一所给外国留学生既提供住宿又补习法语的综合功能建筑。他对旧房的每一部分都精心研究，我甚至在一堵新的砖墙上看到一根老木条的残余。

格隆巴设计的一个巴黎小区的北端：后面是住宅，前面是印刷作坊

小区南端的多层住宅

然后他带我去一个新建的小区。它位于一个斜崖边缘的公路的另一侧，小区内从北到南有较大的落差。这种地形是一般人不愿问津的，但是他却依坡就势巧妙地以几个高程分别布置了建筑:在北和南端分别布置了多层住宅，在住宅之间有一座小型印刷作坊和一所小学。作坊的职工多数住在小区内，避免了在大城市中远途交通的疲惫，而孩子们又可以就近上学,不必穿越马路。这是一个生产、生活、教学、服务配套的综合社区。

格隆巴并没有设计过多少垂名于世的作品，他默默地在一个几乎被人忘却的城区进行着更新，但是他的劳动却受到了国际建筑界的赞许。我亲眼看到他在阿根廷的报告之后受到全场千余名听众的热烈起身鼓掌。在我国，他的报告也受到大家的欢迎，人们几乎难以想象旧城改造可以这样去做。

格隆巴的劳动，使人感受到一个具有高度社会责任感的建筑师的职业精神，也使我想起在他之前的几位前驱的业绩。

首先使我想起的是德国的布鲁诺・陶特（Bruno Taut，1880—1938）。他是一个有犹太血统的德国人，年轻时就接受社会主义理想。在柏林上学后在建筑师赫曼・穆台休斯（Herman Muthesius，1861—1927）手下工作。后者对德国的设计事业起重要作用。他在德国驻英大使馆工作6年，对英国的住宅建设进行了深入考察，同时也受到英国美术与手工艺运动的影响。针对当时德国在工业发展中常规产品粗制滥造的低劣设计，他发起组织德意志制造联盟，在1910—1916年间担任其主席，力图通过高品位的设计来振兴德国工业，对后来的密斯、格罗皮乌斯和勒・柯布西耶等都有深刻影响。他建议陶特去英国考察花园城市，也对陶特后来的事业产生重要影响。

陶特的性格中具有浪漫和务实的双重性。他热衷于提出具有乌托邦性质的理想。他在1914年为德意志制造联盟展览会建造了一栋“玻璃厅”，预言玻璃将改造建筑和城市（这一点后来部分实现了）。他在1917年出版《山岳建筑》一书，提倡吸取山间民居的自然风格，来建造他的乌托邦世界。他还设想解散城市，建造以农民和手工业者为主的社区。在德国发生镇压斯巴达克武装起义后，他的杂志不能出版，他就组织18位志同道合的建筑师/艺术家用通信的方式各抒己见，这些信件后来以《玻璃链信件》的名称出版，在现代建筑史上占有重要一席。

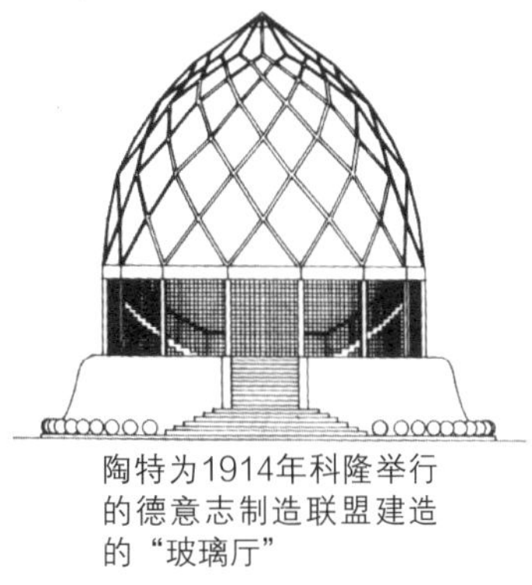
陶特为1914年科隆举行的德意志制造联盟建造的“玻璃厅”

另一方面，陶特又以务实的态度从事大众住宅的建造。他在1924年担任柏林GEHAG住房合作社的总建筑师。在1924—1931年，他的设计团队先后建造了12000所住宅，其中最有名的是柏林郊外的“闪电(马蹄形)居住区”（Britz–Hufeisensiedlung）。它因围绕一个水池而得名。这个社区在战争中遭到破坏，战后修复，至今仍在使用，并被联合国教科文组织列为“世界文化遗产”。

希特勒上台后，陶特受到迫害，先后流亡到苏联、瑞士、日本和土耳其，1938年去世于土耳其。

第二个例子是1927—1934年建造于“红色维也纳”的卡尔·马克思公寓。“红色维也纳”指的是 1919—1934年由左派社会民主党执政期间的奥地利首都。社会民主党在第一次世界大战后的民选中获得绝对优势，在周边“黑色农村”的包围下执政16年，被美国著名记者约翰·根塞称赞为“可能是世界上组织得最成功的市政府”。它在市民（包括像心理学家弗洛伊德、哲学家维特根斯坦、建筑师洛斯、剧作家施尼兹勒、作曲家勋伯格等知名学

柏林闪电居住区（又称“马蹄形居住区”）

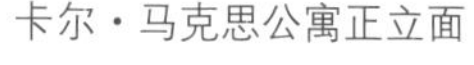

卡尔·马克思公寓正立面

者和艺术家）的支持下执行了一系列利民举措，突出的就是为大众建造住宅，并以优惠条件出租给低收入户。据统计，1925—1934年，全市新建了6万套大众公寓住宅，其中最著名的就是卡尔·马克思公寓。

卡尔·马克思公寓建造在过去多瑙河淹没的地区，由规划/建筑师卡尔·艾恩设计建造，有1382套住宅（每套面积为30~60m^2），可供5000人左右居住。它的正立面延伸4个街坊长，但建筑物只占整个场地面积的18.5%，其余都是花园和儿童游戏场。人们骄傲地称之为“无产阶级的环形大道”，与内城由皇家贵族修建的豪华环形大道相对照。

这座建筑于1934年的内战中部分遭到纳粹党的野蛮炸毁，后来更名为海里根公寓，二战后恢复原名，20世纪50年代重新修复，现在成为城市的一个有纪念意义的景点。可惜由于时间关系，我没能前去拜访。

应当说，在20世纪，特别是二战以后，欧洲国家兴建的大众住宅数量众多，形式也丰富多样（包括格隆巴的作品）。但是我们始终不能忘记那些战前的早期例子。

在结束本实例时，我们不能不提及现代建筑创始人之一——勒·柯布西耶（1887—1965）在他光辉灿烂的创作生涯的后期（20世纪50年代）所设计的马赛人居单元。

勒·柯布西耶的光辉一生中，创造力像喷泉一样不断涌现，但是由于各种条件的限制，他的理论和创作天才，多数只能通过单个别墅及公共建筑体现。他虽然始终有志于设计和建造大众集合住宅，例如在1922年与皮尔·让内雷合作设计的“不动产–别墅”方案（部分地体现在1925年巴黎装饰艺术展览会上所建的“新精神”临时建筑中）等，但真正的机会

马赛人居单元

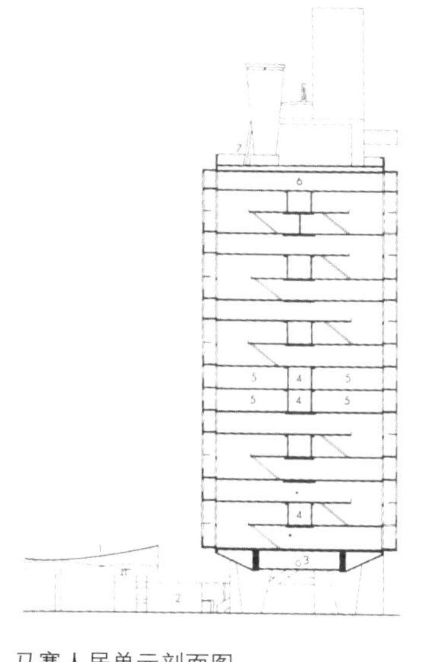
马赛人居单元剖面图

1-门廊　2-入口　3-管道　4-室内街道
5-商店　6-托儿所　7-屋顶

要到二战后的房荒中他在建造部长的直接委托下进行的一系列“人居单元（l'united'habitation）”才取得。这就是先后在马赛（1947—1952年）、南特（1953年）、柏林（1956年）、福雷河上的布里（1957年）以及他去世后在菲密尼一费尔特（1968年）建成的案例，其中公认为最佳的是马赛人居单元。

马赛人居单元是一座典型的垂直花园城市建筑，18层建筑粗壮的混凝土结构整个支托在“柯氏托柱”（pilotis）之上，内有22种不同类型的337套单元（多数为双层叠合），可分别供单身和有3~6个孩子的家庭使用。各单元之间有良好的隔声措施，每户都有3.66m宽、4.80m高的大玻璃窗提供充分的阳光和美丽的景观。单元内有固定厨房、冰箱、备餐桌、壁柜、排烟罩和自动垃圾处置箱。在建筑的第7~8层有商业街，住户可以买到新鲜蔬菜和肉类（也可送货上门），又设有营业餐厅和饮茶室。屋顶层有托儿所及幼儿园，可以通向有游戏场和小型戏水池的屋顶花园。

这栋建造于1952年的住宅至今还被人居住。英国建筑评论家威廉·寇梯斯在1986年写道:

“通常的评论声称（这栋建筑）的住房过于狭窄，进入的廊道过于幽暗，中层的商业街与外界隔绝。还有顶层平台的屋顶混凝土被含盐空气所腐蚀等。但是现在居户看来已克服了这些问题，他们是自己选择居住在这里的，因为他们发现这里是一个给人愉悦的居所……”（见寇梯斯《勒·柯布西耶——观念与形式》，第174页）。

2007年的圣诞节，英国皇家建筑师学会（RIBA）主席给所有名誉资深会员所寄的贺年卡是从该会图书馆中保存的一辐勒·柯布西耶在1955年所作的名为《精神（Esprit）》的石版画。这辐画里有位于蓝天下的支撑在柯氏托柱上的人居单元，绿色的屋顶花园，背后是起伏的山岭，前面有活泼的飞鸟，中间站立着柯氏创作的中心——模数人（Modular man）。

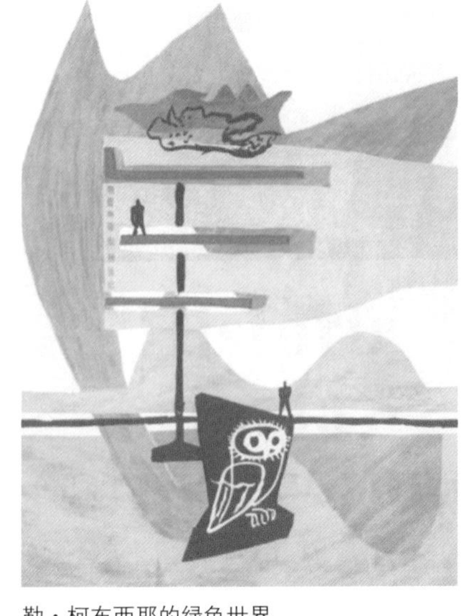
勒·柯布西耶的绿色世界

我非常珍惜这张卡，看来在今天我们到处呼喊的“绿色建筑”，勒·柯布西耶早在半个多世纪前就深怀于心了。

阅读了欧洲这些建筑师前驱在工人住宅上所做的努力后，我的体会是:

做好住宅设计，关键要有一颗爱人的心

实例⑤ 民间的智慧——从解州关帝庙看老百姓塑造的“皇帝”

梁思成教授在1936年写道（见《梁思成文集（二）》第307页）：“自宋而后,中国建筑的结构,盛极而衰,颓侈的现象已发现了……其演变的途径在外观上是由大而小,由雄壮而纤巧；在结构上是由简而繁,由机能的而装饰的,一天天的演化,到今日而达最低的境界,再退一步,中国建筑便将失去它一切的美德,而成为一种纯形式上的名称了”。他把明清建筑的时代特征归结为“羁直时期”（The Period of Rigidity）,也就是“僵化时期”。他特别指出：“在清朝268年的统治时期中，所有的皇家建筑都千篇一律，这一点是任何近代极权国家都难以做到的”（见《图像中国建筑史》）。

我喜欢看古建筑，特别是明清以前的建筑；对于明清建筑，我喜欢看民宅（包括民间园林）；对于那个时期的官方建筑，我比较喜欢看造于深山中的，例如湖北武当山和青海瞿昙寺等；至于对那些建造于京城（以及地方上“御敕”）的皇家建筑，则总有一种别样的感觉：只觉得它们在技巧上很精致，但是缺乏一种上进的精神，有的只是保守和对奢华的追求。

在那些偏远的官方建筑中，我特别喜欢山西解（当地人念hài）州的关帝庙。因为在这里我看到老百姓的机智，他们在皇家阐释的外衣下，塑造了一个自己心中的英雄皇帝——关羽。事实上，整个关帝庙是民间的创造。

在历史上，关羽是失败者，曹操是成功者，但是到了后世，前者成为人民心目中的大英雄，而后者却赢得了一个“奸雄”的恶名，几辈子都得涂上个大白脸。“关公”显灵惩恶的传说越来越多，人们崇拜他，把他视为自己的保护神和救星。明代徐渭，把关羽与孔子的影响做了个比较，发现后者的祠堂（文庙）“止于郡县”，而前者的（关帝庙）却“上自都城，下至墟落，虽烟火数家，亦靡不聚金构祠，肖像以临……”

奇怪的是，各代当皇帝的，在这件事上居然也“顺从民意”，给他封赏越来越高的官位：从侯到公，从公到真君，从真君到王，最后封为与自己平起平坐的帝。到清光绪年间，还给了他一个26字长的封号：“忠义神武灵佑仁勇显威护国保民精诚绥靖翊赞宣德关圣大帝”，叹为观止了。但仔细一看，原来这个“大帝”也不好当，现世的皇帝给天上的“大帝”提出了一系列的政治品质上的要求，我辈凡民，当然要以之为学习榜样了。

英国有位作家叫汤马斯·卡莱尔（1795—1881），写了一本《英雄、英雄崇拜和历史中的英雄事迹》的演讲集（1841年），其中他列举了人们崇拜的六种对象：神灵（奥古斯丁）、先知（穆罕默德）、牧师（路得、诺克斯）、诗人（但丁、莎士比亚）、思想家（约翰逊、卢梭、勃恩斯）和帝王（克伦威尔、拿破仑等），其中帝王集中了前几类人的品质（作者指出，德文中的“王”的意思就是“能人”）。他是“最能干的人，最真心、最公正、最高贵的人，他嘱咐我们去做的事也是最明智、最适宜的……”在这里，作者告诉我们的是：人民崇拜的帝王，实际上是他们心目中的理想人物，是他们根据自己的理想所塑造的帝王（这当然是在民主制度出现之前）。在中国，关羽就是这样的一个“帝”。

于是我们面前就有了两个“关帝”，光绪皇帝和他以前的君王所定义的“关帝”和人民所崇拜和塑造的“关帝”。这两个“关帝”，同时出现在遍布全国的关帝庙中。

在全国星罗棋布的关帝庙（现在各大城市的饭店里，几乎都能见到关羽的塑像和牌位）中，最大的要算建造在他故乡山西解州的那座了。这座占地17.5万m^2的大庙据说最早建造于隋大业年间(605—618)，以后历代扩建或重建，到清朝达到最高峰，今天还能见到各代清帝所提的匾额。然而，正是在这里，我们又能看到历代工匠和百姓们所做的“手脚”。阅读这座关帝庙，学习如何去解读朝廷和百姓各自输入的信息，是一件非常有趣的“解构主义”的练习。

这里说的“庙”，表面看来却很少有“庙”的特征，毋宁说是座“宫”，其形制有点像北京故宫那种“前朝后寝”的格式。在这里，人们和在皇宫一样，首先经过三座门（端门、雉门和午门）到达坐落在三座牌坊后的大殿（御书楼和崇宁殿）。前面的御书楼顾名思义悬挂着康熙皇帝的题匾；后面的崇宁殿是中心，它位于高台上，导游书上描绘的是：“面阔七间，进深六间，重檐歇山顶，四周钩栏。殿顶覆琉璃脊饰瓦件，檐下斗拱繁密……”，“颇有帝王宫殿气派。”里面供奉关帝坐像，又有乾隆、咸丰、康熙所题的匾额。关羽在世之日，哪里见到过此种世面？按理说，“殿”应当是皇帝议事的场所，关公又如何议事？所以朝廷修造此殿，完全是摆摆样子的，但百姓却另有想法。

正是在这里，淘气的工匠和百姓把这座庄严肃穆的宫殿转化为民间游乐的庙会场所，使关帝显现出“人民

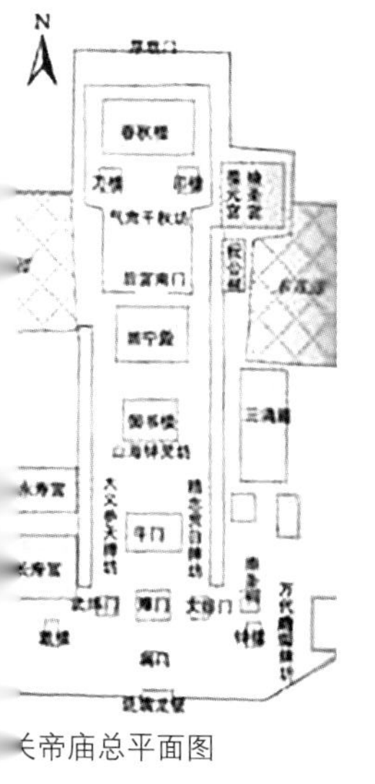

关帝庙总平面图

关帝庙御书楼

关帝庙崇宁殿

性”的形象。人们迈过雉门时，可见到里面的台阶两侧都留有缺口，在需要的时刻关上大门、搭上木板就成为一个面阔三间、进深两间的演关公戏的舞台，舞台后面早就留出了两个边门可通向演员用的后台。内侧的午门和雉门之间的空地是剧场。午门实际上是个过厅，宽大厅堂的壁上画着关羽生平事迹，周围石栏杆的栏板上充满了民间故事的浮雕，也带来了民间色彩。

御书楼原名八卦楼，体形高大，登上二层，可欣赏周围景色，头上有民间工匠们创造的八卦顶楼结构，楼的游览意义早就超过了“御书”的训诲作用。更令人惊奇的是主楼崇宁殿。这里虽然也有康熙和乾隆等的御笔，但人们的注意力完全被底层周边26根巨大石雕龙柱所吸引。事实上，官方的建制中是没有石柱这一项的，它肯定出自民间的捐助。这些石柱吊装的难度可相当于埃及金字塔的巨石块，民间的传说是它们在鲁班化身为一个疯老头指挥下用黄土垫高而竖立的。它们的添加说明当时民间的建造者有意使这座“宫殿”超越任何人间皇帝的殿堂，达到“甲于天下”（见庙内碑文）的效果。总的说来，这个人间帝王们为教诲人民而建造的宫殿式建筑群，在工匠们灵巧的手脚下，变成了地地道道的民间英雄崇拜的“庙”。 每年四月和九月，官方在此举行“祭关”仪式，而民间则把它们演变为各四十天的大型庙会，届时市贾云集、各种艺人竞相献艺。官方和民间，各唱各的戏。

最有意思的是“后寝”部分。在人间皇宫，这里是皇帝和后妃们居住的场所，六宫粉黛，争夺宠幸。然而，一到关大帝，这个寝宫的规模和性质就完全变化了，变成了一所“单身宿舍”。皇帝们到这里，会不会有些尴尬的感觉，我们不得而知，但民众一作对比，肯定都会窃窃私笑。不管皇帝们题多少匾额，做多少训诲，一到这个寝宫，就自露马脚，败下阵来。

这个寝宫，在一座精致的木坊后面，以春秋楼为主体，配以两座刀楼形

关帝庙春秋楼

关羽读《春秋》塑像

成三角群体。楼名春秋，就含有深义。表面上，它取自关羽生前爱读《春秋》的故事，但谁都知道，孔子修《春秋》而“乱臣贼子惧”“春秋笔法”，不是单指底层官员的，更多的是指向那些胡作非为的王公国戚（孔子当时，当然还不敢和不想批评皇帝）。当人间皇帝夜间宠幸自己的后妃时，关大帝却在两侧存有大刀的居住环境中，青灯之下，全神贯注地阅读着《春秋》，这里含蓄了多少民间的期望和企求啊。

春秋楼的建筑，倾注了民众对关羽的深厚感情。它的设计很不一般，这是一座面阔七间、进深六间，高30m的两层三檐歇山顶的巍峨大楼。它的二层围廊挑出外墙，由下面的挑梁承重，外面看来好像是个悬空的楼阁，给人以关帝既在人间、又在天上的印象，更突出了他既是人、又是神的身份。

访问了解州关帝庙以后，我对英雄崇拜这一文化现象又加深了一些认识。人们塑造英雄形象，往往寄托了自己的愿望，超出了英雄本人的事迹。帝王和民众，都是如此。

帝王所以竖立关羽形象，是因为他在民间太受爱戴，需要对他进行规范化的加工，以指导民众。光绪的26字，正是这种规范化的总结。我们可以从中看到，朝廷所推崇的是：

——忠义仁勇。这四个字本来出自民间，被皇帝“拿来”并赋予官方的含义，重点在于“忠”字。所以本庙的总入口（端门），就挂了“扶汉人物”的匾额，提醒人们这里是一位维护正统的保皇派。

——护国保民。“国”在“民”前，只有“护国”，才能“保民”。

——精诚绥靖。大约是指当年刘关张参与讨伐黄巾之举，更进一步阐明了“护国保民”和“忠义仁勇”的含义。

——翊赞宣德。 这里的“德”字，一下覆盖了以上所有的品质，成为统治阶级对所有人间英雄人物的政治要求。

然而在百姓心目中，关羽却是完全不同的形象。当然，他不同于大闹天宫的孙悟空，也不同于盘踞梁山的水浒名将。在民众心目中，他的品德主要集中于：

——忠义仁勇。和朝廷的定义不同，在这里，重点在于“义”字。关羽是“义”的化身，从桃园三结义开始，他始终忠于这个“义”字，于是“身在曹营心在汉”，一旦听到刘备的消息，就可以“过五关、斩六将”，千里以赴。这是老百姓对“忠义仁勇”的理解。晋商以诚信为经营原则，与这种“义”有直接联系，他们崇拜关羽，不只是由于同乡关系。

——春秋大义。比桃园结义要更高一个层次，就是捍卫社会正义。关羽生前究竟是否读过《春秋》（或《左氏春秋》），读过多少，有何体会等，现在已难以考证。有人认为，这是儒家为了标榜自己而作的宣传。但是民间却愿意信其有，一些关公显灵的传说也把他刻画成“为民除害”的英雄。一个例子就是“解池斩妖”的传说，根据这个传说，宋代曾发生过解州盐池水少盐减之灾，原来是蚩尤（黄帝时代的人物）霸占了盐池，于是皇帝请来张天师，后者又请关羽显灵斩了蚩尤，这是道家的宣传。佛家也有类似宣传。随着儒道佛三家争相把关羽拉入自己行列而大肆散布各种传说，关羽读《春秋》的形象也频频出现在各种民间雕塑之中，它实际上赋予关公的“义”以新的意义，使他成为疾恶如仇的代表，能够跨时空地镇压一切邪恶势力而成为民众崇拜的保护神。

体会：

对同一事物（包括建筑、人物）的多种阐释有助于理解事物的实质

实例6 注定要失败——窑洞里出来的商业帝国

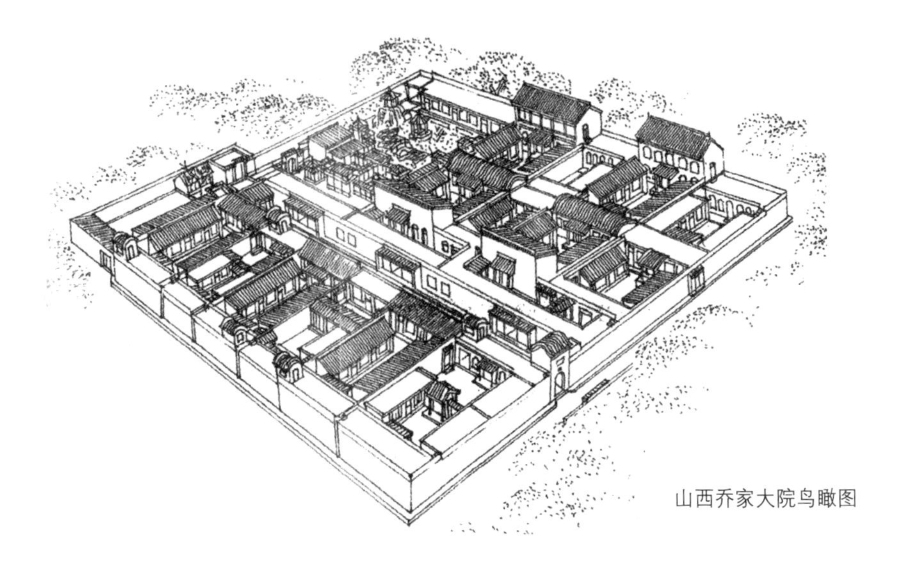

山西乔家大院鸟瞰图

从太原南下，到平遥、祁县及灵石，叱咤风云五百年的晋商在这里留下了众多的足印。人们已经从电影《大红灯笼高高挂》中见识了乔家大院，以为这里的几个院落是各位姨太太们住的，大家争着那一盏红色的灯笼。其实乔家的生活并不如此。

对我来说，祁县的乔家大院展示了一个晋商家庭发家的过程，灵石的王家大院启示了一个晋商家族走向衰落的内因，而平遥的票号则告诉我他们为何最终失败。

乔家的历史在晋商中可说是典型的。最早起家的是农民乔贵发，他从做豆腐开始，后来在包头开设了广盛公的字号（后改为复盛公）。他的儿子乔全美，于清乾隆（1736—1795在位）年间，首先在现大院的东北角建造了一个两进、带偏院的院落，人称“统楼”或“老院”。其子，第三代的乔致庸(1818—1907)，中过秀才，但弃儒（也就是官）经商，以“在中堂”的名义，把票号推到全国而成为巨富，于是在同治初年在“老院”西面增建了紧邻的“明楼”（有阳台走廊故名）院，接着他在门前小巷对面又修造了两个四合院供子孙用。光绪中期，乔家为安全起见，用高墙把这些院落围封起来，在东端设大门，西端建祠堂，各院房顶设通道、眺阁和耿（更）楼，形成了一个城堡式的整体。到民国10年（1921年），又在西南角建造“新院”。这样，大院从清乾隆开始到民国的200多年期间，经历了“老院”（“统楼”）—加“明楼”院—城堡化—加“新院”的建设和扩建，显示了一个富户发展的历史过程。

如果我们对这段历史一无所知，而从东（大门）向西，由北而南地参观这个大院，这些建筑也会坦率地向我们叙说其主人的身份和处世哲学。我也

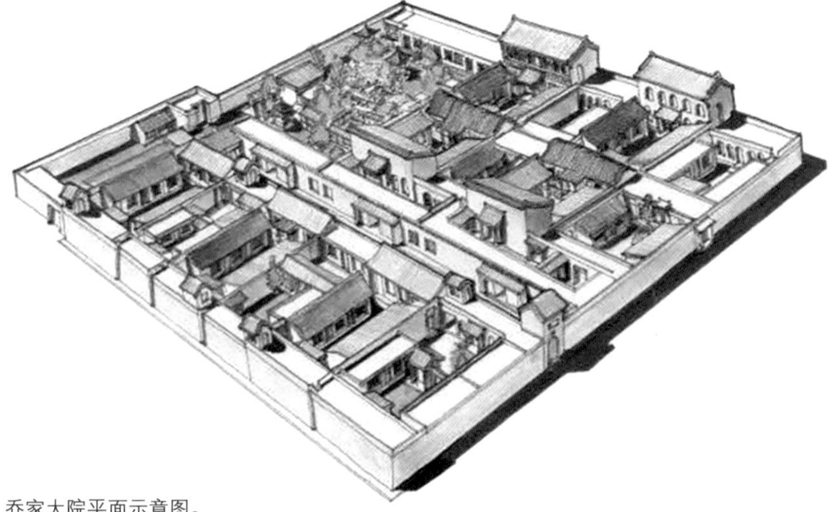

乔家大院平面示意图。
右上：乔全美初建“老院”（“统楼”）
中上：乔致庸加建“明楼”院和小巷对面的四合院
右下：城堡形成和加建“新院”

是这样地去“阅读”这些建筑的：从他们的群体布局和内部组成去了解户主的生活方式和家规准则；从建筑的形制和结构去了解其生活意向和追求目标；从内外装饰（特别是砖、木、石雕的运用）去了解户主的生活情趣和文化素质。这样，几乎每栋建筑都给我们传达了各不相同的信息。

“老院”是一座祁县特色的三进四合院，在当地被称为“里五外三穿心楼院”。“里五”，指的是内院的正、厢房都是五间，“外三”指的是外院的都是三间，“穿心”则指内外院之间有穿心过厅。称之为“统楼”，是因为它用了开小窗的石墙，用后代人眼光看来，这是幢“保守”的建筑，显示了其主人从贫穷到发家后衣锦荣归，建房养老，又不忘过去穷苦日子的心态。

“明楼”院显然比前面的要阔气得多。它虽然还是“里五外三穿心”，却多了许多新的特征，显示了这里住着一位掌握着钱权、运筹帷幄的精明财主。整个院落整齐端庄，正房厢房，尊卑有序，干净利落。这里也有砖雕影壁、木雕垂花门和各种装饰，正房因设置阳台廊而得“明楼”之名，但给人总的感觉是适度而止，露富而不全露，锋芒蓄而不发。在这里，我们可以领略到晋商文化的精华。

当人们跨过原来的小巷到达“新院”时，感觉也焕然一新。这里砖雕、木雕、石雕，比比皆是，却布置得杂乱无章，像一家堆垒着商品的古董店。建筑本身布满了各种装饰，像一个暴发户穿着锦绣袍服，肚子里却是杂草一堆。查看资料，原来乔致庸的子孙在光绪年间，巴结过逃难而过的慈禧，得到了朝廷的恩宠，因而大门口有李鸿章、左宗棠等显贵的题词，炫耀于外；但大门对面的祖宗祠堂，门面上虽有木雕垂花，祠堂本身却又小又窄，与大门相比远为逊色，形成鲜明的对照，说明后来的乔家，想的只是依附皇室和

老院

明楼

新院

大臣，祖宗的创业家训早已退居次位。

驱车南下，近介休，公路两边是像被很多巨爪划过的黄土地，点缀着大大小小的窑洞，使人意识到我们已到达黄土文化的纵深地段。正是这贫瘠的土地，驱使晋人离井背乡，带着农民的纯朴，到东西南北的城镇去寻找生机，从而形成了富可敌国的晋商阶层。

王家大院正处在这片黄土地上的灵石县（因天上掉下一颗陨石而得名）静升镇。现在开放供人参观的仅是王氏大家族一部分居所，但已经可以让我们看到这些离井背乡然后衣锦荣归的富商们如何在无边无际的黄土地上留下了短暂历史的足迹而回归于沉睡的土地。

现在供人参观的是高家崖和红门堡两个大院，参观的程序是从前者到后者，其实建造的时间却是后者（1739—1793）先于前者（1796—1811）。但是实际上两者间除了都姓王以外，也没有更紧密的关系。红门堡修建的时候，大约相当于乔全美在祁县建造自己的“统楼院”时期，而高家崖的建造虽略先于乔致庸建造“明楼院”的时间，然而，当乔家尚处于鼎盛时期，王家后裔却在1891年把宅院以964两白银卖掉，流落街头乞讨。所以，在我看来，王家大院可以算是乔家大院的续篇，我们能否在沉寂的建筑中得到某种信号呢？

步进高家崖，我从解说中知道这里的核心是王汝聪和王汝成两兄弟分别修造的敦厚宅与凝瑞居两个并列院落。两个院落均由前、后院（中间有一条带小院）及偏院（包括有七个入口的厨院、书院、花院等）组成。后院的正房是两层，底层是坚实的窑洞结构，供主人居住，上层设阳台走廊，中间有供奉王氏先祖牌位的房间；两边的二层厢房由子孙居住，二楼是小姐们的绣楼，姑娘从13岁起住进去，深闭不出，等于关禁闭。从结构、体形及布置来说，这个院落本来可以给人以浓厚的地域感和稳重感，然而，我却在这里接收到一种不祥的信息，主要来自它们的过度堆砌和炫耀的装饰，其中弟弟的凝瑞居要更甚于哥哥的敦厚宅，比乔家大院的“新院”，有过之而无不及，所以我说它是乔家大院的续篇。

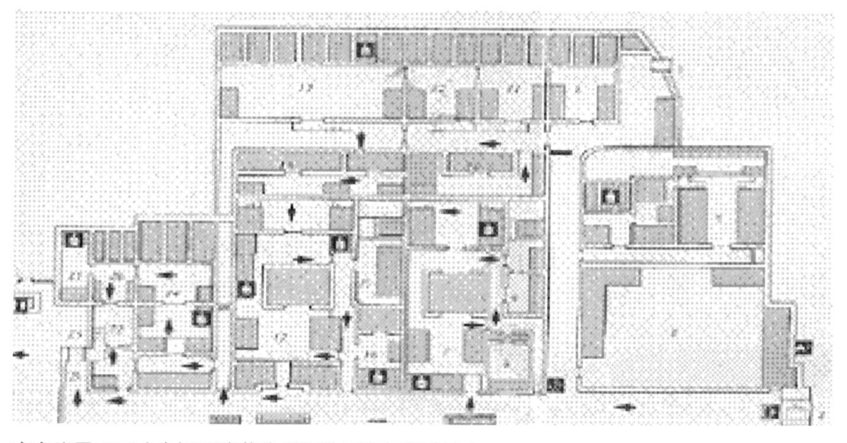
高家崖平面图（中间两院落分别为敦厚宅与凝瑞居）

在这里，柱梁门窗、走道墙壁，到处是木雕、砖雕和石雕。过厅走廊上的木雕，由三层组成，相当于一些富户室内的高级摆设。最令人吃惊的是，这里的雕刻，处处都隐伏着房主对吉祥的企求。例如，照壁上砖雕中的公鸡、鸳鸯、鹌鹑、喜鹊代表了“功名富贵、子孙满堂、安居乐业、喜上眉梢”；过厅门槛前的鹭鹭和荷叶，象征着“一路连科”等，步步皆是，不可胜举，没有一本导游手册，难以察觉。在这种依托于迷信的庸俗气氛中，哪里还能体验到晋商当年跋涉全国，与逆运做斗争的拼搏精神呢？事实是，到王汝聪兄弟的四子四孙，就因为抽鸦片而败坏了家业，这些雕砌的吉祥象征却成了行将破落的信号。

敦厚宅

凝瑞居

在访问两个晋商大院时，我脑中频频出现不久前在平遥古城中见到的票号。也是规则的院落，如果不是庭院中间一颗大元宝，你还以为这里又是一个富户的住所。这里当年经营着遍及全国的钱财汇兑业务。用摩登术语来说，平遥早就有了现在中国几个大城市所垂涎的“总部经济”。这是晋商发展的第二阶段：从小宗贸易发展到经手万千两银子大宗资金的转移。我们在乔家和王家大院所看到的荣华富贵，财源都来自这些看似平凡的票号院落。看来，当年在黄土地上无法立足为生，离井背乡，东西南北闯天下，从事当时被视为“士农工商”中最低级的商贸活动的晋商，在事业有成之后，即使已经隔了几代，也还要回到这块黄土地，建造自己的家居和票号总部，难道仅仅是一个“衣锦荣归”的思想在驱动吗？我觉得值得进一步思考。

据文献介绍，晋商与徽商的一个很大的区别在于后者往往是一群同家族的人集体外出经商，而前者却往往是独个开拓，并且在开拓过程中敢于起用非本姓的能人来共同经营。来自黄土地的晋商有着双重性格，一方面他们提倡“诚信”，恪守传统的美德；另一方面他们又富于进取精神，敢于从一般的贸易跃进到汇兑业，从而积聚了巨大的财富，在中国广阔的土地上打破了地域割据的限制，功不可没。

晋商为什么终于失败？文献中有各种说法，较普遍地认为有内因和外因。内因是子孙不肖，上辈发了财后辈来挥霍。我们在乔家大院的“新院”和王家大院的高家崖中烦琐的砖、木、石雕装饰中也看到了其迹象。外因是政府和外资银行的垄断性竞争和日本帝国主义的侵入。这些都是事实，然而在我看来，晋商失败还有更深层次的原因。他们的子孙并不都是不肖的后代，有的也能继承祖业，奋发图强；而且很久以来，晋商就懂得和官府合作，否则他们的票号也无法立足。

晋商虽然活跃于各地，仍然没有跳出商业贸易的圈子。他们不懂得，也没有这个胆略，像西方的原始积累者那样地去投资于工业，更不用说金融资本了。这样，他们迟早要失败于金融资本——银行（不论是官方的或外资的）的手下。

晋商的保守，还由于他们始终没有能够跳出家族的圈子。尽管他们在外能起用外族的能人，但是大权仍然要由自己的子孙来继承。这也是晋商为什么功成之后，要回到黄土地上的故乡，建造自己的家族大院。在他们的心目中，黄土地是根据地，家族的凝聚力是力量的源泉。

平遥票号

实例⑦ 三言两语说碎片——巴黎三建筑之谜

法国是理性主义哲学的一个发源地。卢梭的《爱弥儿》、蒙田的《随笔录》……与英国的经验主义哲学，洛克的《人类理解论》、休谟的《人性论》……唱对台戏。在巴黎，看到的建筑多数（包括凡尔赛宫）是规规矩矩的。但是法国人喜欢思想开放，有的建筑也像给你猜谜。兹举几例：

法国从戴高乐总统开始，几乎每个总统都要在巴黎兴建一至几个“大工程（Grand Project）”,为自己留名。下举三例：

五脏六腑的外翻——蓬皮杜中心

蓬皮杜中心是一座位于市中心的大型公共建筑，内含公众信息中心、图书馆、现代美术馆、音乐与声学研究中心等文化设施。建筑面积近10万m^2。由蓬皮杜总统发起，在1971年举行的国际设计竞赛中由英国R・罗吉斯、意大利R・皮亚诺与G・弗兰齐里的联合方案取胜，1977年建成。从建成到2006年约30年间，参观者达1.8亿人次。

它的设计引起巨大争论，有的媒体称它是个“恶魔”“河妖”，也有的说它是“颠覆性”的。1977年，罗吉斯荣获普利兹克奖，评委说他引发了博物馆设计的“革命”。

它的特点是整个建筑是座外包玻璃的立方体，长166m，宽60m，地上7层，地下3层。所有交通设施和管道均着色（上下水管用绿色，暖通空调管用蓝色、电缆用黄色、交通及疏散设施用红色）附设在外墙之外，内部空间完全可供自由使用。也就是人们所说：“五脏六腑都翻到外边来了”，而这正是整个建筑最引人之处。

以建筑而言，它处于市中心，可以说“五脏六腑”仍是在体内，但对建筑本身而言，却好像赤身裸体地把内脏拿出来展览，无怪乎使不少人感到恶心。但是过了20年后，人们对它的感情却发生变化，喜欢的逐步占上风，有人称之为“二见倾情”。

蓬皮杜中心

理性与非理性的并存——拉维莱特公园

拉维莱特公园位于巴黎东北角，是比较欠发达的地区。德斯坦总统因此策划了在此建造世界最先进的科学与工业城，1986年落成开馆。继任的密特朗总统在二任期间先后策划了七大工程，其中包括建在这里的拉维莱特公园（1987年建成，由瑞士的B・屈米设计）以及音乐城（由法国的邦扎姆帕克设计）。

拉维莱特公园（1987年建成）是“超现代的”，由几何平面、线、点组成。“点”按严格的方格网布置，每个“点”上设立一座“疯狂物”（La Follies），是涂鲜红的、“非驴非马”的钢架结构，体现当时由哲学家德里达提倡的很时尚的“解构”（Deconstruction）思想。

据说，密特朗对此设计很是不满，向设计师提出取消“疯狂物”这一不雅称呼，但建筑师凭着他是靠竞赛取胜的，拒绝更改。

今天，当一名参观者参观了高理性的科学及工业城出来时，迎面而来的就是那些非理性的“疯狂物”。它以巴黎人喜欢的对立性向人们提示：尽管科学已经大大地发展了理性，但是在现实世界中却还有种种人们尚未能解释的非理性（解构）存在，留待人们去继续探索。

巴黎拉维莱特公园

Boulevard Macdonald
Rue de la Clôture
Espace périphérique
Halle aux Cuirs
Cité des sciences
et de l'industrie
Centre équestre
de La Villette
Cabaret
Sauvage
WIP Villette
Canal Saint-Denis
Galerie de la Villette
Péniche
Cinéma
L'Argonaute
La Géode
Le Zénith
Prairie du
Cercle Nord
Boulevard Sérurier
Espace
Chapiteaux
Canal de l'Ourcq
Galerie de l'Ourcq
Prairie du
Cercle Sud
Trabendo
Hall de la
chanson
APSV
Place du
Rond-point
des Canaux
Prairie du Triangle
Philharmonie
de Paris
Boulevard Périphérique
Jardins passagers
Grande halle
Pavillon
Paul-Delouvrier
Pavillon
Janvier
Cité jardin
Cité de la musique
Théâtre
Paris-Villette
Place de la
Fontaine-aux-Lions
Conservatoire
de Paris
Avenue Jean Jaurès
N
100 m

巴黎拉维莱特公园

知识的无穷性——法国国家图书馆

在我垂老之际，记忆已经消失很多。我只记得20世纪90年代有一次在巴黎一个高地行走，忽然看见远处迷迷糊糊地有一个工地，四角有四根柱子正在升起。后来才知道这是密特朗“大工程”最后一项：国家图书馆。

法国历来很注意图书馆的建设。远的不说，在1720年法王路易十四就为国家馆定名，当时藏书量为30万册，已蔚为大观。1868年拿破仑建新馆，由建筑师拉布鲁斯特设计，其高大的阅览厅始终是建筑教材中的必选。1988年密特朗宣布建造最新馆，建筑师是D.皮劳，1996年（密特朗去世年）建成，到2016年藏书量达1400万册，用最新的高技术运行。

我当年看到的四根柱子原来是建筑师设计的四座角楼，就像四本竖立并打开的书。这四个角包围了中间的一座“闲人免进”的花园。我的模糊记忆中好像自己曾经进入过一栋角楼，隔着阅览室的玻璃窗看那座“可望而不可即”的“知识园地”。这是否是一个老年人的梦境？我多么向往自己能漫游于这个知识王国，而我最初看到的那个四根柱子的“工地”也没有看错，人们的知识探索也不过是个未完工的工地，四根柱子至今还缺个大屋顶。

阅读实例后的体会：

我现在很少看到中外建筑期刊，对当前国内外“创作动态”了解不多。从看到的来说，感到“西方”建筑在新世纪中的新特征似乎是“个性化（流派退出）、非理性（让你猜谜）、高技术（参数生成）”，是否能成气候，只能下回分解。中国的创作，在教育建筑上的一些新设计，很令我赞赏，但住宅设计似乎跳不出“老套”，令人心焦。中国的“地标”建筑往何处去，也是且听下回分解。

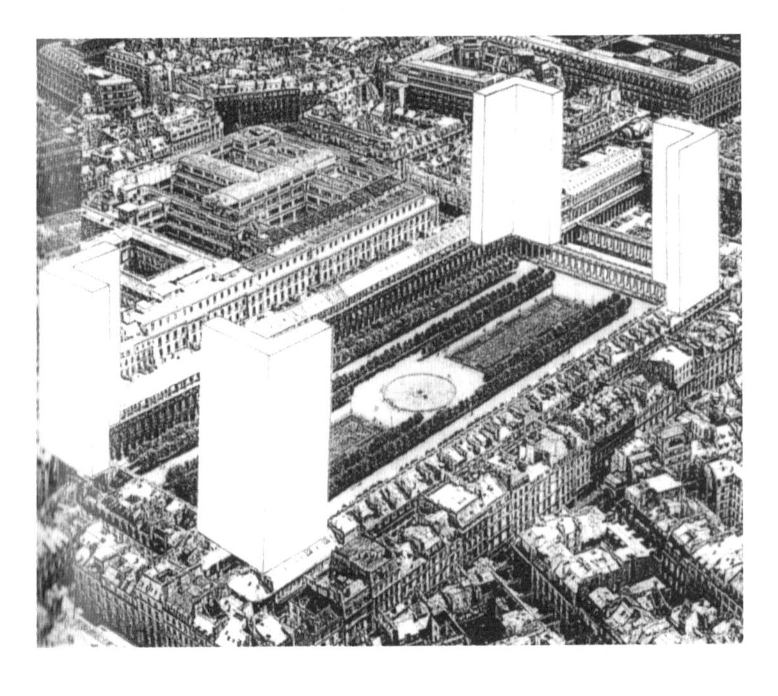

法国国家图书馆

实例❽ 北京中央电视台大楼

在北京引起很大争论的中央电视台大楼（“非理性派”的盖里称赞它是北京最佳建筑），也可以说是一个“非理性”建筑，但是我却另有看法，认为它给人以“折戟沉沙”的感觉，是建筑师（荷兰的库哈斯）对当今世界很多大城市竞相建造高楼的热潮的一个讽刺。它在告诉人们，不论你建得多高，迟早得回到地面。这栋建筑，建在北京CBD（中央商务区）的边缘，静静地冷观那股“高楼热”，或许在期待着将来有一天，当人们厌倦那些“欲与天公试比高”的热潮时，会回过来赞赏库哈斯的这个“非理性”作品？

我的阅读也到此为止。

北京中央电视台大楼

第三卷

中国建筑师

时代在召唤

2008年，生活·读书·新知三联书店出版了我的《中国古代建筑师》一书。2012年，三联书店（香港）出版了其繁体本。读者对这本书的评语甚为不同，否定的意见不少。有一位青年建筑师当我的面说：“这本书写得不好，我不喜欢”。他不肯再说下去。我猜想他对书中把一些帝王将相（包括秦始皇、汉武帝等）以及一些文人（如陶渊明、王维、白居易等）写成“建筑师”不予认同。特别是大家都知道我和建立中国的注册建筑师制度有关，怎么可以把非本专业的人当作古代建筑师来颂扬呢？

我觉得，摆在我们面前有两项任务：一是要对我国古代建筑师“追认”“正名”，凡在建筑项目中起主要创意作用者都应当承认其为建筑师（或称“事实上的建筑师”architect de facto）；二是要使我国现代建筑师有法定的地位、承担国际公认的职业责任与相应权利。

这就首先提出一个问题。建筑师（architect）是何许人？

01 建筑师何许人也

“建筑师”是个外来语，原名为architect，来自architecture 一词。Arch 可理解为“最高”，tect为“技艺”，architect 即“技艺最高的人”。

Architecture ，至今还没有很恰切的译语。各种书刊上有各种译法，如：建筑学、建筑艺术或建筑等。我倾向于译为“建筑学”，是一个专门的学科。

《维基百科》上对architecture的阐释是：“它是建筑物或其他构筑物的策划、设计及营造的过程及其产品。建筑作品以其物质形式通常被视为文化象征及艺术作品。文明史往往以现存的建筑成就进行识别。”

Architect 就是architecture 的创作者。在古埃及和中东等一些国家，一些重要的纪念性建筑物（如神殿）的设计，建造师往往被视为能“通神”的，受到崇拜。在文艺复兴时期，意大利的建筑师与画家、雕塑家并列为三大艺术家。到工业社会，欧美国家的建筑师仍然享有较高的社会地位，要有一定的条件才能享有这个称号，其职能就是《维基百科》中所说的“策划（就是“创意”）、设计及营造”，随着社会专业化的发展，设计与施工开始分家，但设计师仍然有监督其设计的建造的义务，对最终产品向社会承担全寿命的责任。

古代中国没有“建筑师”这一称号。《考工记》中有“匠人”之称，它虽然可以“营国”（修建都城），却仍然是“百

绘画中所示为所罗门王与大臣商讨殿宇的设计方案

鲁班是中国民间匠人的象征代表，图
中所示为他一手顶起摇摇欲坠的大桥

工”之一，属于“役于人”的“劳力者”的行列，在社会上没有地位，其业绩不见于史册，只有一些文人（如韩愈、柳宗元等）著文为他们树名。

从秦开始，中央政权设置五监，其中之一为将作监，设“少府”或“大臣”，下有“将作大匠”，他们能否相当于国外的建筑师?

中国一直到民国时期，才开始正式有“建筑师”的职业称号。新中国建立初期，仍然存在轻视建筑师的习惯。有的主管部门把建筑师列为工程师的一个专业。直到20世纪90年代，才开始与国际接轨，实行注册建筑师制度。

在很长的一段时间内，中国的历史文献（包括建筑史）可以称颂某些建筑的美轮美奂，却不记录其设计者的名字。这就是罗哲文先生、顾孟潮先生等曾说过的“见物不见人”。时至今日，轻视建筑师的弊病依然存在。君不见，在一项重要建筑工程投产剪彩之际，报刊上有名的只是首长、投资商及其他名流，建筑师一般是不报道的。

我对此甚感到不平，有意要发掘历史上的那些“物”背后的“人”。我的《中国古代建筑师》一书，就像一部侦探小说，尽力试图从文献线索中寻找有历史意义的建筑的创意和设计者的名字。这也许是堂吉诃德式的尝试，但我并不后悔。

事实上，我后来理解，否定或抹杀建筑师的作用，实际上是对建筑文化的一种摧残。“见物不见人”实际上是贬低了建筑的文化价值，把它降低为一种没有灵魂的物质产品。

02《哲匠录》的功绩

《哲匠录》一书，为我国知名学者朱启钤所编纂，梁启雄、刘敦桢校补，曾在中国营造学社汇刊上连载，于1932年（民国21年）汇编出版。朱老在序中说：

“本编所录诸匠，肇自唐虞，迄于近代，不论其人为圣为凡，为创为述，上而王侯将相，降而梓匠轮舆，凡于工艺上曾著一事，传一艺，显一技，立一言若，以其于人类文化有所贡献。悉数裒取，而以‘哲’字嘉其称，题曰《哲匠录》，实本表彰前辈，策励后生之旨也”。

据杨永生先生（原中国建筑工业出版社社长）称：“《哲匠录》包括营造类、叠山类、攻守具、造像类等四大类，‘肇自唐虞，迄于近代’，有突出贡献的历史人物四百余人”，他根据古建筑学家罗哲文先生的建议，由中国建筑工业出版社于2005年“将营造、叠山二类加以整理，汇编成册，出版发行……同时将当代建筑界已故专家（60余人）补进去”。

《哲匠录》，2005年由中国建筑工业出版社出版

朱老开端，永生补充，使这一巨著得以与普通读者见面，实在功德无量。前后录入的五百人左右，是否都能算现代意义上的“建筑师”，自可讨论，但有此一举，实为后人继续研究打下了一个坚实的基础，功不可没。

03 中国三大建筑传统必然都有其创缔者

皇家建筑传统

我国当代古建筑学家罗哲文先生在为朱启钤的《哲匠录》于2005年出版时的序文中写道：

“人们常说‘见物不见人’，是一种缺憾，因为物是人创造出来的，反映了人的智慧、人的技巧、人的力量、人的情感等都寄托在物上。比如现在列入世界遗产的故宫、天坛、颐和园，甚至拉萨的布达拉宫、大昭寺等，人们只知其建筑之雄伟壮观，艺术精美，而其创造之人，特别是工匠则知之甚少。有些伟大的建筑，甚至找不到真正创建之人……”他把这种现象称之为“道器分途，重士轻工（重文轻工）之固习”。这段话写得十分深刻，也十分沉痛。

小子不才，对罗老的分析表示非常赞同之外，仍要补充一点：即我国的文化界，“见物不见人”“道器分途”的缺陷仍然存在，而“士”与“文”，又何尝“重”过？本来，一件“物”的创造者，“士”与“工”是同样有功的。我甚至敢说：在建筑的创造者（创意、设计、营造）中，难道我们长期来不是忽视“创意和设计者（建筑师）”的作用吗？

为了克服“见物不见人”的陋习，我们必须全面地肯定中国建筑物（建筑文化）的创造中：创意、设计、营造三者的作用，不能重此轻彼。对中国优秀建筑传统否定其创缔人的怪现象，再也不能继续下去了。今天的建筑师这一角色，不是凭空产生，而是从土生土长的祖宗那里传承过来的。

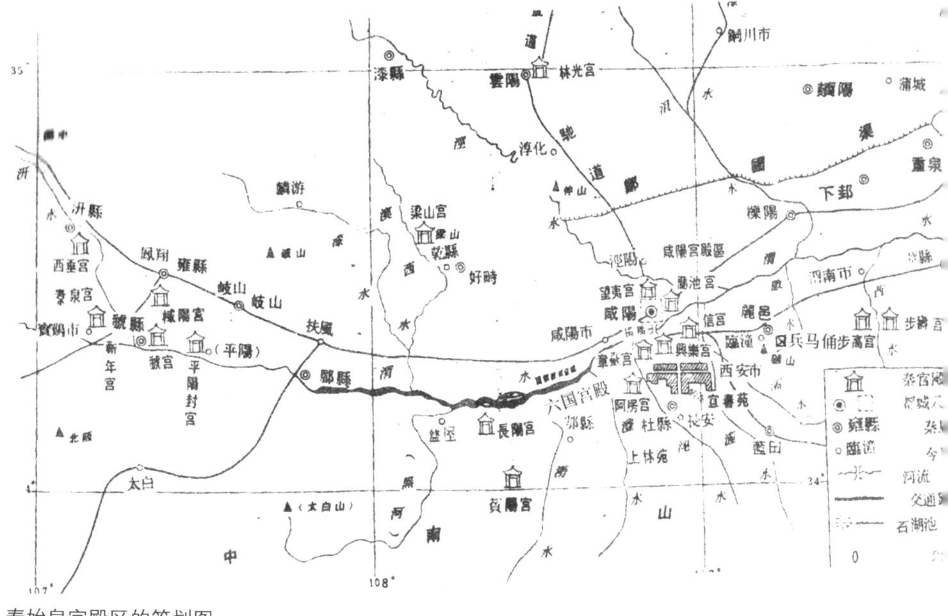

秦始皇宫殿区的策划图

秦咸阳宫复原图

我们应当花很大的力气去寻找那些古代的建筑师，就像现在社会上流行的“修家谱”一样，我们需要寻找到创造我们优秀传统的“事实上的建筑师（architect de facto）”，“追认”他们，给他们“正名”。否则，今天的建筑师，有朝一日，也会有“被消失”的危险。

将作大匠是否就是建筑师

从秦开始，中央政权成立将作监，即“掌管宫室建筑，金玉珠翠犀象宝贝器皿的制作和纱罗缎匹的刺绣以及各种异样器用打造的官署”，其主管称为“少府”（西汉改称“大匠”），其成员集中了国内优秀的设计与营造人才。这个机构一直延续到清朝（清朝有民间的建筑设计和营造单位，如样式雷）。我不知道现在我国保存的历史资料中有无各个朝代官府和官员的名册。以现有材料来看：“将作监”相当于当今的住建部，其成员中有行政人员也有技术人员，“少府”或“大匠”本人可能是“建筑师”，也可能是行政主管，要区别而论。

帝王将相能否当建筑师

事实上，中国历史上有一些重大的工程，其创意和设计方案的决策者往往是帝王将相，也就是《哲匠录》中所说的“王侯将相”。举例如下：

秦始皇与蒙恬：秦始皇雄才大略，能够构思一些前人所不能也不敢设想的项目，包括：

① 宫室系统。《史记》称：“秦每破诸侯，写放其宫室，作之咸阳北阪上，南临渭，自雍门以东至泾渭，殿屋复道周阁相属。所得诸侯美人钟鼓，以充入之”。这样做，一方面是拔掉各诸侯国的根子，另一方面也是吸取其宫室的设计经验，为自己的大一统帝国服务。“乃营作朝宫渭南上林苑中。

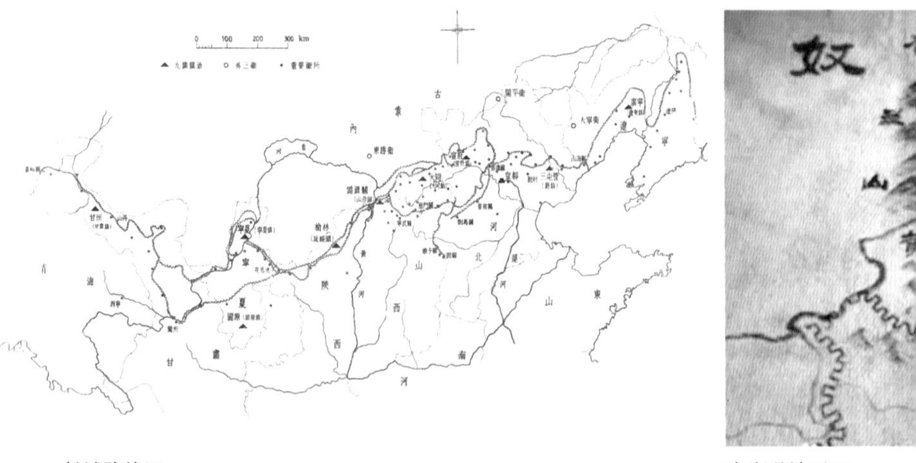

长城路线图

秦直道地形图

先作前殿阿房，东西五百步，南北五十丈，上可以坐万人，下可以建五丈旗，周驰为阁道，自殿下直抵南山。表南山之巅以为阙。为复道，自阿房渡渭，属之咸阳，以象天极阁道绝汉抵营室也”。（《史记·卷六·秦始皇本纪》。以山为阙，以河为带，除了秦始皇本人，谁能有这么大的气魄呢？显然，整个宫殿区的策划是秦始皇本人作的，具体的宫殿设计与建造是在他指导下由将作监的官员做的。

② 长城。秦皇挟录图，见其传曰：“亡秦者，胡也”。因发卒五十万，使蒙公、杨翁子将修筑城（《淮南子·人间训》）。“秦已并天下，乃使蒙恬将三十万众北逐戎狄，收河南，筑长城。因地形，用制险塞，起临洮，至辽东，延袤万余里”（《史记·卷八十八·蒙恬》）（以上取自《哲匠录》第012页）。显然，秦始皇是决策者，具体设计和建造的负责人是蒙恬。

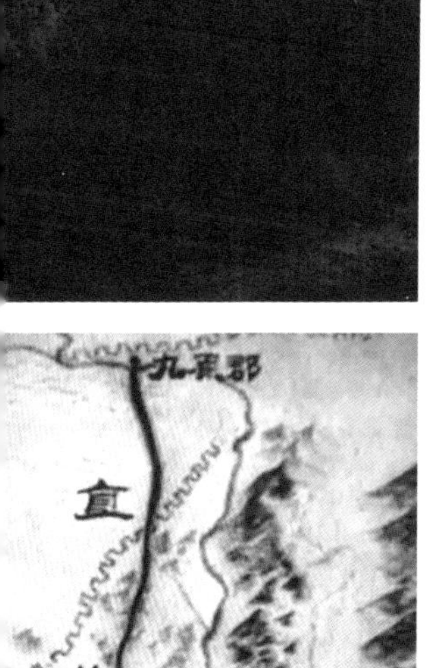

③ 驰道及直道。《汉书·贾山传》：“秦为驰道于天下，东穷燕齐，南极吴楚，江湖之上，滨海之观毕至。道广五十丈，三丈而树，厚筑其外，隐以金椎，树以青松”。《史记·卷六·秦始皇本纪》：“三十五年，除道，道九原，抵云阳，堑山堙谷（堑八百里）直通之……道未就而始皇崩”。太史公云：“堑山堙谷通直道，固请百姓力矣”（见钱穆《秦汉史》）。这是始皇做决策，蒙恬执行，劳民伤财而未成的一例。

我们在此不讨论秦始皇的功过，只是说明古代有的帝王也可以是重大工程项目的创意者，并对设计起指导和审定作用。而像蒙恬那样的大将，也可以是实施设计和建造任务者，因而按现今标准而言，可认为是事实上的建筑师，他在

《哲匠录》内已被纳入。

刘秉忠与郭守敬：我们今天赞美首都北京的美丽，不能忘记最早规划、建设北京的几位功臣。从文献资料来看，元大都规划和建筑师主要有三人：刘秉忠、郭守敬和也黑迭尔，其中，刘秉忠统筹规划；郭守敬负责都城的水系建设；也黑迭尔负责宫殿和城市主要建筑的设计营造。此处重点介绍前两位。

刘秉忠（1216—1274），河北邢台人。他天资颖悟，八岁就学，“日诵数百言”，诗文书画与日俱进。十七岁，出任邢州节度府令史，不满足于“刀笔吏”的职务，就弃官入道，后来又弃道从佛。1242年（28岁），由海云禅师推荐，得到忽必烈的召见，被留在王府。1247年回邢州奔父丧，后在邢州西的紫金山书院讲学，郭守敬等都是他的学生。1249年又被忽必烈召回，成为王府中重要谋臣，帮助忽必烈巩固了自己在蒙古诸王中的地位。1264年忽必烈命其还俗，复刘姓，赐名秉忠，并授予光禄大夫，位太保，参领中书省事，直到1274年逝世。死后还追赠为太傅，封赵国公，元仁宗时，又被封为常山王。

郭守敬（1231—1316），河北邢台人，从小父母双亡，随祖父郭荣学天文、算学、水利的知识，后来由祖父送紫金山书院随刘秉忠深造，随后从事水利事业，1271年任都水监，掌管全国水利工作。1275年受命修筑京杭大运河，设计了山东段的河道线路，为运河全面沟通奠定了基础。至元十七年（1280年）完成了我国历史上使用时间最长、最精确的《授时历》。郭守敬是与张衡、祖冲之等人齐名的我国古代八大科学家之一，终年86岁。

12世纪，亚洲出现了由成吉思汗组成的一支强大的蒙古军队，他们东征北战，占领了东亚、中亚、东欧大片领土。

在他们统治的多数年代中，他们对被征服的民族进行了残酷的掠夺和剥削。在中国，他们把民众分为四等（蒙古人、色目人、汉人、南人），从而把自己孤立在“一小撮”中，其失败是不言而喻的。

然而，历史从来不是全黑或全白的。在他们的统治时期中，也出现过一些比较明智的统治首领。成吉思汗的孙子，元王朝的创始人，元世祖忽必烈（1215—1294）就是这样一个人物。

忽必烈于1260年登基时，命令刘秉忠在龙冈建城郭，三年而毕，名曰开平，继升为上都。1267年，又命刘秉忠筑中都城，建宗庙宫室。后升为大都，开平作为上都。

它的位置在被摧毁的金中都废墟之东北。之所以选择这个位置，主要的出发点是“水”，解决新都城市供水和航运的需要。在这里，郭守敬发挥了他卓越的才能。城市用水分两股从西输送到城里，一股是供皇家专用的，另一股则供城市之用。原有的“三海”成为接纳供水的水池。不仅如此，从南方通过大运河输送来的粮食和货物，也经过城东的河道通向什刹海北岸。有了这个水系，位处干旱地带的元大都就有了生命力。所以我们说，元大都的规划是以生态观念为基础的。

元大都的另一特色是它的胡同。这是在唐长安的里坊制和北宋汴京的街巷制之后对中国城市中居住生活区规划的又一重大创造。虽然它在名称上仍把城市居住区划分为50个“坊”，但规划中采用了中国传统城市中的棋盘格局，由大街（24步，约37.2m宽）、小街（12步，约18.6m宽）、胡同（6步，约9.3m宽）组成。两条胡同的间距为50步（约77m），恰好是一座大四合院或两座背靠背的小四合院的进深。这种格局，被明、清继承了下来，成为一种中国特色的居住模式。

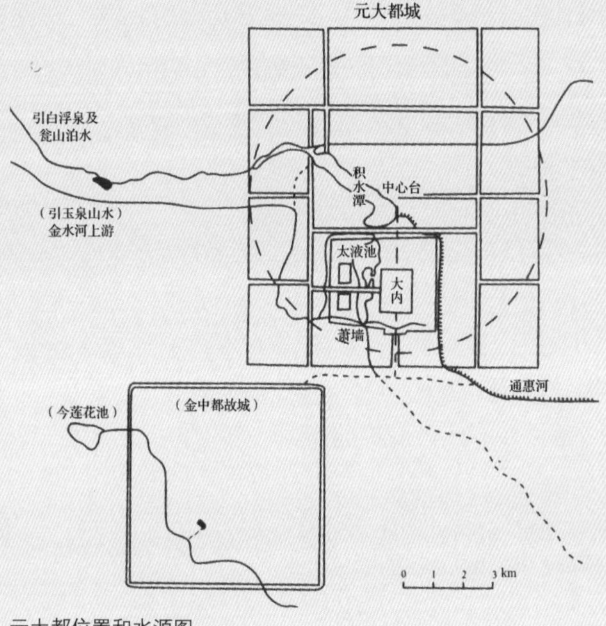

元大都位置和水源图

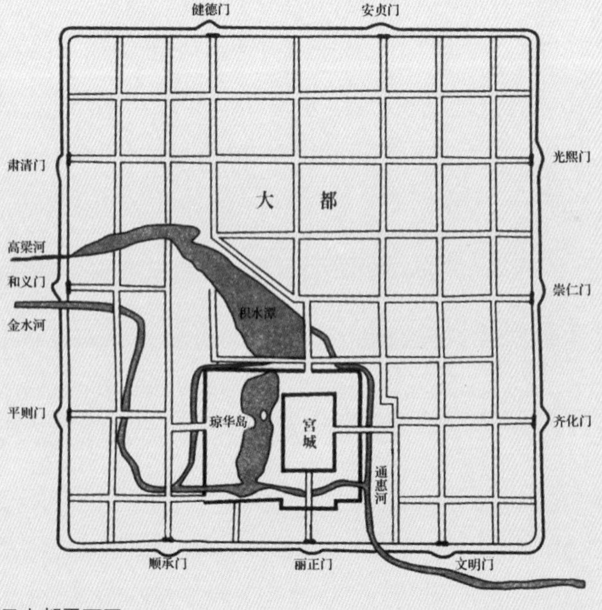

元大都平面图

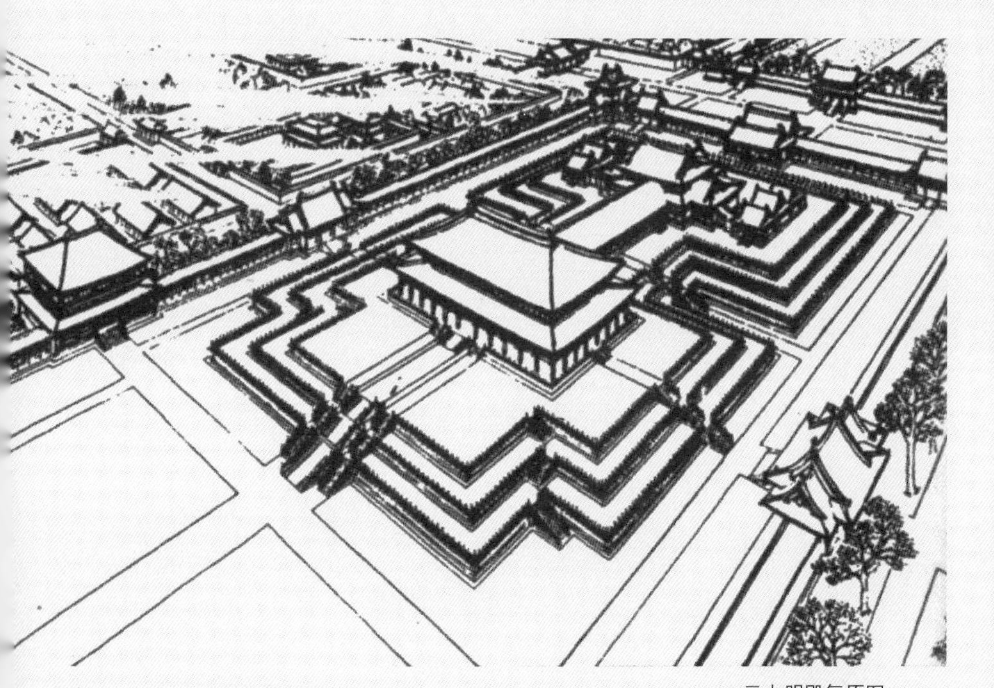

元大明殿复原图

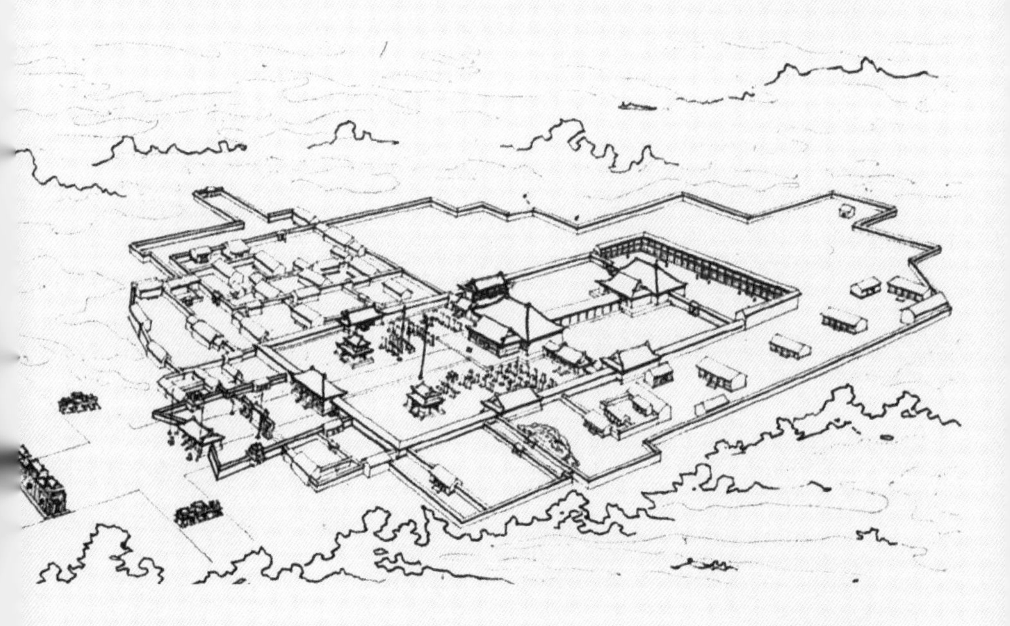

北京东岳庙图

元的宫殿建筑，在明代被毁。傅熹年先生根据文献对它们作了深入的研究，并画出复原图。从复原图可见，大内的宫殿是“工字殿”的组合，每组工字殿都建造在巨大的工字形台基上，以主要的大明殿为例，它由前面重檐庑殿顶的主殿和后面重檐歇山顶的寝殿组成，二者之间有柱廊连接。宫院四边有周庑，四角设角楼，东南西北都有门，庭院内植草，提示草原风貌。宫殿建筑内部较多地采用减柱和移柱等做法。建筑装饰比较平实，色彩图案秀丽绚烂。

元代的城市和建筑有以下一些特点：

一是注意生态环境，特别是水环境。这种尊重自然的观念与汉族传统重视人文有明显差别。

二是它的跨文化特征。除了统治层从维持政权来说，不能不搞的“汉化”以外，他们也吸取其他文化（特别是阿拉伯和南亚等文化精华）。

三是他们统治再严，毕竟是少数，其统治深入不到各个基层角落和偏远地方，因此民间的文人、工匠和画师，就有机会（包括在宗教势力的庇护下）发挥自己的才能。元统治不到100年，但刘、郭所做出的文化贡献，就超过800年，其成就丝毫不亚于关汉卿等在元剧中的创造。

“匠人”就是民间建筑师

我认为匠人是可以称为民间建筑师的。我的根据来自北宋画家张择端的名画《清明上河图》，张本人并不是一个建筑工匠，但是他在描绘汴京街景时却能画出街上形形色色商铺及其他建筑的构造和门面的花样。如果一个画家能做到，那么一个熟练的建筑匠人也必然能做到。他们已掌握了这些商铺及建筑的屋顶、屋檐、门面、装饰的多种样式，因此能够因地制宜地根据业主的需要做出大体一致却又各有特色的商铺设计。其他建筑类型也是如此。

因此，一个熟练的工匠，完全可以按照某一地方已经形成的建筑风格和标准做出“同中有异、异中有同”的个体设计，以满足业主的功能需要和形式爱好，集创意、设计和建造于一身（就像饭馆中的厨师一样）。我们可以称之为民间建筑师。同样，一个稍有文化修养的佛寺和道观的住持，也完全可以根据自身的需要与当地的建筑工匠合作，修造出总体一致，自有特色的寺庙和道观。

民间匠人中有很杰出者，如喻皓，为五代末、北宋初人，具体生卒年代无记载，家居浙江杭州，出身卑微，擅长建造木塔，在北宋初当过“都料匠”（掌管设计、施工的木工）。

喻皓被人传诵的主要有两件事：一是在东京（汴梁）建造开宝寺塔，该塔建于太宗端拱二年（989年），“八隅，十一层，三十六丈（约111m高），上安千佛万菩萨，塔下作天宫奉安阿育王佛舍利……赐名福胜塔院”。建造时喻皓先做好模型，每建一级，外设帷帘，人们只能听到他在里面操作的椎凿之声。每一级完成后，检查其梁柱是否有“龃龉未安”者，沿塔的周围视察，随时用锤撞击数十下，塔身就“牢整”了。另一是建在杭州的梵天寺塔。这是别的匠师所施工的。建造了两三级后，主管官员钱氏在登临检查时发现塔身摇动。匠师回答说因为还没有布瓦，上面没有重量压住所以摇动，但是等瓦布完后塔还是摇动，匠师束手无策，让自己的妻子带了礼品请喻皓指点。喻皓笑着回答，这事容易，只要在每层钉上木板就行了。匠师按此执行，塔果然不动了。拿现代技术术语来说，就是塔的结构刚度加强了，抗震动能力也提高了。

喻皓虽然出身卑微，但谦逊好学。他懂得向前人学习，在这种好学精神

《清明上河图》中的建筑式样

安徽歙县明代民居

浙江西塘镇一角

的驱动下，他写了《木经》三卷，可惜后来失传。欧阳修在《归田录》中记载了它的部分内容。

要给文人建筑师“戴帽”

前文已有介绍，此处不再重复。需要再强调的就是中国文人建筑师的优势在于他们有深厚的文学和艺术修养，能用诗、画等艺术形式来描绘其建筑创造意图。这是中国独有的特色。

我相信，随着社会的整体发展，随着信息社会日益增长的文化需求，我国新一代的建筑师必然会一次次地回访自己先辈创造的传统，同时也借鉴国外建筑文化的传统，不断丰富和提升我们自己时代建筑的文化内涵，在世界建筑文化之林中占有我们应有的地位。

沈周 东庄图

04 追寻与正名

我们已知在中国古代皇家建筑中有秦始皇这样的帝王，蒙恬、萧何、刘秉忠、郭守敬这样的将相以及一些负责项目设计的将作大臣；民间建筑中有公输班、喻皓这样的匠人；文人建筑中有王维、司马光、白居易这样的设计师和建造家。在他们创造的“物”后面，我们见到了活生生、有血有肉的“人”，见到了用现代标准来看“当之无愧”的“事实上的建筑师”，大大充实了我们对中国古代建筑传统的了解，使现代建筑师不再是无源之水、无根之木的“外星来客”，促使我们进一步去追寻和正名，使现代的创作与古代建筑传统更紧密地挂钩。这岂不是一件极有意义的探索！

05 中国四代建筑师的业绩

中国现代建筑师的记录可以杨永生先生的《中国四代建筑师》一书为准，其中对中国现代建筑师划为四代：

第一代是清末到辛亥革命（1911）年间出生的，全部是留学外国学建筑学的。

第二代是20世纪10～20年代出生，新中国成立前大学毕业（出国留学的占少数）。

第三代是20世纪30～40年代出生，新中国成立后大学毕业，其成长年代正是抗战、解放战争及新中国成立后的20世纪50～60年代。

第四代生于新中国成立后，上大学恰逢改革开放时期。

应当说，中国现代建筑的观念是以朱启钤、梁思成等创办的中国营造学社开启的，而以1927年由庄俊等成立的中国建筑师公会（后改名为中国建筑师学会）为时代标志。从此，“建筑师”这一称号作为职业名称和学术领域在中国正式被官方和民间所接受。

第一代建筑师以实际行动开拓了中国的现代建筑，他们既吸收西方的先进技术，又保持中国的民族特色。吕彦直的中山陵、沈理源的银行大楼、范文照的电影院等给中国民众带来了欣喜。

新中国成立后，最能代表新中国理念的“十大建筑”主要是第二代建筑师的贡献。

第三代建筑师在国家经历困难的时期，坚持“实用、经济、（在可能条件下）美观”的方针，与全国人民一起战胜了困难。

第四代建筑师在改革开放时期，在外来建筑文化蜂拥而入的气氛下，坚持独立创造，端正了创作方向。今天，当全国人民欢庆改革开放取得的伟大成就时，不能不肯定四代建筑师坚韧努力的成果。

06 中国注册建筑师制度的确立

在当代中国,把建筑师作为一个独立、现代专业的功劳,应当首先归功于戴念慈先生。当时有的主管部门要取消“建筑师”这一职称,改为“建筑工程师”,成为工程师的一个分专业。戴老往返奔走于各部门之间,不厌其烦地陈述建筑师的独立专业性质和社会功能,致使有关部门勉强同意在建筑系统内保留“建筑师”的职称。

下一步要归功于香港大学的黎锦煦(Eric Lye)和龙炳颐教授。1990 年他们发起并邀请八大建筑学院、建设部、教育部、国务院学位办、中国建筑学会等参加在香港举办的一次座谈会,讨论建筑学专业的教育方向。与会的还有英国皇家建筑师学会和中国香港建筑师学会的代表。会上,大家一致认为,鉴于建筑师负担的社会责任,建筑学的大学本科教育应当从当时的四年制延伸为五年制(其实,有的学院过去就是五年制的)。这一主张得到国务院学位办的支持,决定把建筑学本科毕业生的学位由四年制的学术学位(工学士)改为五年制的建筑学学士的职业学位。

(注:这一改革的意义很大。不久,中国和美国之间就建筑学学士的教育评估标准达到了互认。又不久,中国被邀请参加在澳大利亚召开的国际建筑教育会议,作为全球就建筑学本科的教育评估标准互认的8个发起国之一。)

在这个改革的基础上,在原建设部部长叶如棠的支持下,建设部设计局与中国建筑学会于 1992 年在北京召开“建筑师的未来”的座谈会。与会的有各省市建设厅设计处处长和建筑学会的代表。英国皇家建筑师学会、美国建筑师学会、美国注册建筑师管理委员会(NCARB)、中国香港建筑师学会的负责人应邀参加会议并介绍各自的经验。会议经过讨论,一致认为随着国际形势的发展,随着我国市场经济的发展,为了加强我国建筑师职业的国际地位,建议:

1) 普遍建立五年制的职业学位及相应的教育评估制度。

2) 建立建筑系毕业生不少于三年的职业实践培训制度。

3) 建立在五年制的教育和三年实践基础上全国统一的注册建筑师考试制度。

4） 订立中国的注册建筑师条例。

随后，在建设部有关司局的协力配合下，由设计局牵头组织 1994 年在辽宁省进行注册建筑师考试试点，随后在全国展开。

1995 年 9 月，国务院颁发了《中华人民共和国注册建筑师条例》（以下简称《注册建筑师条例》），其中明确规定注册建筑师的执业范围具体为：① 建筑设计；② 建筑设计技术咨询；③ 建筑物调查与鉴定；④ 对本人主持设计的项目进行施工指导和监督；⑤ 国务院建设主管部门规定的其他业务。并明确规定："在建筑工程设计的主要文件（图样）中，须由主持该项设计的注册建筑师签字并加盖其执业印章方为有效。否则设计审查部门不予审查，建设单位不得报建，施工单位不准施工"。这就从法制上初步确立了注册建筑师的职业责任并保障了其职业权。

A《国际建协建筑师职业实践政策推荐导则》

UIA《认同书》起草组在巴塞罗那聚会合影

07 UIA-PPC的作用

1993年，中国建筑学会与美国建筑师学会，在美国伊利诺伊州芝加哥，通过互相访问及友好会谈，签定了关于建筑师职业的协议。

1994 年，国际建筑师协会(UIA)鉴于在全球化发展过程中建筑师职业面临的各种新问题，决定成立建筑师职业实践委员会(简称UIA-PPC)，委任美国建筑师学会(AIA)与中国建筑学会(ASC)联合主持，各成员国组织可自由参加。AIA 指定 J.席勒，ASC 指定我为该委员会的联席书记（以后改称联席主席）。

席勒与我于同年年底在香港会面，经商讨，决定该委员会的主要工作应是制定一个全球建筑界公认的建筑师职业标准，成立UIA 各成员国组织自愿参加的编制小组，争取提交1999年在北京召开的 UIA 第20次代表大会上讨论通过。

这个编制小组有十几个国家的成员组织的代表参与，每年聚会一次，逐步形成名为《关于建筑实践中职业主义的推荐国际标准》（以下简称《标准》）的初稿，1999年在北京举行的代表大会上，得到 UIA 全体 100 个会员国组织的一致通过。从此，在全球化不断发展的形势下，国际建筑师有了一个公认的作业标准。

这个《标准》内容很全面。我认为有三点比较突出：

1） 建筑师资格的确认标准：① 持有经过评估合格的建筑学学位；② 由注册机构根据规定认为是合格的实践培训（不少于2年）；③通过注册机构规定的有关科目的考试及评分（需要时进行面试）。

2）对外国建筑师到东道国承接建筑设计,应当双边或多边达成资格互认协议。当合格的外国建筑师被选中承接设计任务后,应当与当地建筑师合作设计。

3）建筑师应当恪守职业精神（professionalism）、品质和能力的标准。

（很可惜,除上述第一条外，后两条在我国均没有得到实施。特别是资格互认一事，到现在为止，外国建筑师可以任意进入中国承接设计，而中国建筑师却无法进入国际市场，除了中国投资或经援项目。同时，迄今为止，我们还没有制定一个本国的建筑师职业道德的标准）。

1995年我国注册建筑师条例的颁布，结束了中国建筑师无名无权的状态，也结束了中国建筑史见物不见人的状态。但是，只是得到一个职业称号是不够的，我们还需要解决建筑师的职业建设问题，例如：

1）在肯定建筑师地位的前提下，职业单位的组织形式可以多样化：我们开始建立注册建筑师的职业资格确认时，就有人认为这是为了要取消国营建筑设计院，推广建筑师个人执业的事务所；也有人以为建筑师事务所是我国必然的执业方向。我为此曾缮写《小大由之》一文（发表在《建筑创作》上），主张现阶段建筑师的执业单位应当是多样的，既有多专业综合的大型建筑设计院以及与工艺设计结合的工业设计院；也可以有建筑师个人或集体组成的中小型设计事务所。设计单位既可以是国营企业，也可以是民营的股份制有限责任公司。在各种组织形式并存发展中，社会可以经过比较选择某一或某几种形式。就像音乐团体可以是大型交响乐团，也可以是一种单种的乐队或个人。关键是不论何种形式，注册建筑师应当是“设计乐团”的指挥。

2）树立和强化我国建筑师的“职业”意识。

3）建立自我完善和自我管治的职业、学术的一体化组织。

4）促进与外国设计师（包括建筑师与工程师）的资格互认，进入国际市场。

5）改变建筑师职业道德无人过问的状态。

1993年中国建筑学会代表团访问芝加哥，
美国建筑师学会代表大会成员全体起立鼓掌欢迎

1993年中国注册中心代表与美国全国建筑师注册委员会（NCARB）代表会谈

08 强化建筑师的职业意识

《中华人民共和国注册建筑师条例》的颁布，结束了中国建筑师无名无权的状态，也结束了中国建筑史研究中“见物不见人”的状态。但是，只是得到一个职业称号是不够的，我们还需要解决建筑师的职业建设问题，其中关键的是要强化建筑师的职业意识。

我的理解：市场是各种职业的组成，以及各种职业之间和内部的有序运行。市场需要有竞争，但这个竞争并不是你死我活，而是在互相尊重下的有秩序、有准则的竞争。为此，每个职业成员都应当有高度自觉的职业意识。就建筑师职业而言，我认为至少应当有下列三种意识：

（1）使命感。建筑师作为本国建筑文化的创意和设计人，应当具有高度的使命责任感。

（2）成就感。建筑师本人有强烈的愿望，希望自己的作品被社会接受和赞赏。

（3）集体感。建筑师意识到自己是一个职业的成员，自觉地维护本职业的社会信誉，与本职业的同僚处于又合作又友好竞争的状态。对损害本职业的行为坚决抵制。

在这种强化的职业意识下，本职业需要有一个公认的道德准则，国际上称之为“职业主义”（professionalism）或“职业精神”。但到现在为止，我们还没有一个注册建筑师的职业道德标准，以致出现一些不正常现象。例如有些取得职业资格证书的注册建筑师“出卖”证书的行为屡禁不止，设计招标投标也弊病多端。在国外，一名职业建筑师是不能随便批评另一个建筑师的作品的，而我们现在却没有这些限制，乃至有的建筑师出面组织公众评选“最丑设计”。

09 建筑师的职业道德

以下是UIA-PPC的《认同书》中有关职业精神（即职业道德）的条文，对我们有一定的参考价值。

UIA通过的职业精神（professionalism）标准的要点：

1）总的义务：“……在对建筑艺术和科学的追求中把以学术为基础和不妥协的职业判断置于其他各种动机之前。……”下设道德标准5则。

2）对公众的义务：“建筑师有责任遵守其职业事务的法律，并周全地考虑到其职业活动所产生的社会和环境影响”。下设道德标准6则。

3）对业主的义务：“建筑师应忠诚、自觉地对业主承担义务，以职业方式执业……”下设道德标准10则。

4）对职业的义务：“建筑师有义务维护本职业的品质和尊严，在所有情况下都以尊重他人的合法权益的方式行动”。下设道德标准4则。

5）对同行的义务：“建筑师要尊重其同行的权利，并承认其同行的职业期望、贡献和工作成果”。下设道德标准13则。

J. 席勒与我

10 与外国的执业资格互认

我国从20世纪90年代开始建立注册建筑师及结构工程师制度时，就同时开展与国外相应机构进行互相开放及资格互认的商讨，目的是为本国相应的专业人员在国际上与准入国取得平等地位，保障本国建筑师与结构师有进入国际市场的权利。

这一立场得到了UIA-PPC的支持，UIA-PPC认为：“国际建协有责任帮助建筑师在国际建协成员组织间建立双边或多边互认”，并于2005年成立了互认范本专家编写小组，于2005年末完成初稿，2006年在墨尔本会议上经PPC决定将范本初稿提交UIA理事会审议，以便提交UIA 大会通过。要达到100个成员国一致同意困难很大。

与此同时，我国与有关国家的双边谈判一直在进行。1997年中英首先达成互认结构工程师资格的协议，在深

1997年建设部吴奕良、执业资格中心赵春山等与美国NCARB 商讨合作及资格互认事宜

1997年中英签署注册结构工程师资格互认协议，原建设部部长叶如棠等参加签字仪式

圳举行签字仪式。中美间关于建筑师互认也分步进行，先后在建筑教育评估标准和毕业生职业实践标准上取得认同，双方曾有默契争取在2005年能达成最后一步，即注册考试标准的互认。但就在这时，我国相关人员中有人提出对互认的全盘否定，认为中国建筑师实际上没有能力进入国际市场。这种缺乏民族自信的立场导致双方有关互认的建设性努力付之流水。实际结果恰是外国的建筑师长驱直入中国的建筑市场，而中国建筑师则被排斥在外国的设计市场之外。事实上，在外国建筑师已经可以无障碍地进入的环境下，资格互认已经毫无实施可能（除了中国投资项目或有某些机会）。其损害是无可言喻的。

11 摆在面前的挑战——建筑师负责制

2017 年 12 月,住建部发布了《关于在民用建筑工程中推进建筑师负责制的指导意见（征求意见稿）》,并指定了若干试点单位。

根据这个文件，“建筑师负责制是以担任民用建筑工程项目设计主持人或设计总负责人的注册建筑师（以下称为建筑师）为核心的设计团队,依托所在的设计企业为实施主体，依据合同约定,对民用建筑工程全过程或分阶段提供全寿命周期设计咨询管理服务,最终将符合建设单位要求的建筑产品和服务交付给建设单位的一种工作模式”。

根据这个文件，建筑师可提供“参与规划、提出策划、完成设计、监督施工、指导运维、更新改造、辅助拆除”等全过程的 7 项服务。

这是对中国注册建筑师制度的新发展，以适应新时代的挑战。据说,此项试点工作约需 8 年的时间。我祝愿其成功。

对话

您对人生的认知

我理解你是问我的人生观。

我认为：简单地说，人活在世，要家庭幸福，事业有成，做些有意义的事。

从我自己的体验，人生有三部曲：认识自己（知己，30岁以前）、实践自己（践己，50岁以前）、创造自己（创己，50岁以后）。

认识自己并不容易，不要匆匆自定终生。小时候我母亲就鼓励我当个工程师，我也以此自勉。16岁去美国留学，先在一家“小大学”（college）上学，读了一门“英语文学”的课。那老师很有能耐，讲莎士比亚、康拉德、海明威等都极为生动。我心动了，想改修文学。就写信征求上海我的一位婶母（文学才女）的意见。她马上回信说干不得，你感情太重，学了文学，将来就像贾宝玉那样，陷于情感不能自拔。于是我就老老实实返回原来志愿，在美国麻省理工学院土木工程系本科毕业后回国，在华东建筑设计公司（后改为设计院）作设计，以为终生已定。孰知三年以后，建工部把我调到北京，说要让一些青年党员跟苏联专家学习，将来作“领导工作”， 我跟了一位计划专家，他一心要把苏联的计划管理整套搬到中国，搞得我们的设计院乱七八糟，怨声载道，多数是对我发泄的。我就意识到自己没有基层实践经验，贸然进领导机关工作，过几年什么本领都没有，成了淘汰对象，于是下决心要求回到基层。领导也同意了，把我派到西安的西北建筑设计院工作，当一个设计室的主任。我这时才开始认识自己，觉得自己的强处是有些逻辑思维的能力以及能组织多专业协同工作（知己）。这样一干就是20年，从室主任提升到设计院管生产的副院长，主持了一些项目的设计，包括援助亚非拉国家的四项援外设计（践己）。到1980年，国家建工总局成立，又把我调到北京，8年内从处长提升为设计局局长，以后又把我调到中国建筑学会当秘书长。我的工作经历以及外语能力使我得以在国际交往中发挥一些作用，此后到我70岁退出工作舞台后，还能从事一些写作。

我从50岁开始进入“创己”阶段，立志要做些有意义的事。我知道世事复杂，自定的标准是做三件事，成功一件就算及格。在我此生的最后阶段，我自问成三败三。成三即：① 对中国的建筑节能作了些推动工作；② 协助有关领导和同事建立中国的注册建筑师制度；③ 著、译、编书及笔记10余种，发表论文100余篇，虽然都属于一般水平，但说的是真话。败三即：① 试图请我母校帮助一所中国的大学建立“城市设计”专业，因校方半途反悔而废；② 与美国建筑师注册委员会进行双方注册建筑师资格互认的工作，在教育评估及职业实践标准达到互认的基础上，进入考试标准互认的最后阶段时，遭到有关领导的否定而前功尽弃；③ 试图将中国建筑学会改组为职业／学术的双功能组织失败后，又试图仿法学界与会计界的“双轨制”（学会与协会并存），也遭到利益冲突而失败。这三项失败对我来说，至今伤痛依旧。

我的一生中伤心事还不少，可说是伤痕累累。后来我找到了一个“避难治痛所”，就是“知识王国”。每当我受到创伤时，我就退避到这个王国里，让知识给我治伤。后来我发现这个王国的积极作用，你可以在这里攫取你需要知道的一切而不伤害别人，因为知识宝库是无穷尽的。我学会写读书笔记，取名为“一瞥”，于是有“宇宙一瞥”“大脑一瞥”“中国传统哲学一瞥”“武梁祠一瞥”“山海经一瞥”等，写下的已有20篇左右，其乐无穷。周有光先生知道后，打电话约我去，表示对漫游“知识王国”的鼓励，我永铭于心。

我的一生是微不足道的。记得我出国留学前夕，一位战友来我家与我道别，我送他出门时天色已暗，天上星星满布。我指着一颗微星对他说，你看它没有多少光亮，但是不论天好天坏，你都可以相信，它始终在闪自己的光。70年过去了，我还是这句话：“它还在闪自己的光”。

您对建筑的展望

21世纪，是从工农业社会转向信息社会的时代。在新的纪元里，人们要的不只是物质产品，更重要的是有精神价值的产品——文化。

信息的高度网络化，其结果必然是知识的大普及，全社会的知识化，从而实现文化的高度提升。这就是人类在新纪元的新进化。

我国已经取得巨大成就，现在的主要矛盾是“不平衡、不充分”。就建筑业来说，我体会：我们建筑的文化内涵不充分；我们的产品重量轻质，效益不高，造成了不平衡。因此，在新的世纪中，我们的建筑师肩负了两大任务：一是要提高设计产品的效益

（经济、社会、环境和资源效益）；二是要提升建筑的文化含量。在这两项上取得成就后，我们就更可以立足于世界之林，给世界做出更重要的贡献。

新中国建立以来，我们的城乡建设无疑是有了史无前例的发展，但是也走了弯路。我特别是对我们的楼市、股市不满，他们在民众的精神文化中散布了一种投机心理，总以为一个晚上可以发财致富，而不是用辛勤的劳动去创造财富，这种投机心理的漫布将腐蚀我们民族的国民精神。

另外，我感到在我们一些官员的思想认识中，有两大问题：一是把高入云霄的商业摩天楼看作“现代化”的象征，因此就把迪拜当作模范，欲与天公试比高。

我对上海浦东陆家嘴的建设深为赞赏，在一些国际会议上做报告时爱放映它建设前后的幻灯，在看到这个高楼群在短短几年中拔地而起时，观众席总是不约而同地发出一股惊叹声。但是，我又认为陆家嘴不应当是上海整体文化的代表。

二是我国很多城市人居建设走的路子需要调整。在布局上，居住区被人为地孤立和分隔，并且往往被商业建筑挤到远郊区，人们每天将大量精力和时间消耗在上下班的路上，是很大的浪费。在形态上，以节约土地为借口，大量制造高入云霄的“住人机器”。这种高楼成群的居住“小区”似乎已经成为无可更改的标准模式。我很担心，过若干年后，人们会不会想把它们夷为平地。

多年来，在我国几代建筑师的相继努力下，我们在建筑文化的创造中是很有收获的。我年老体衰，长期闭门不出，没能更多看到一些优秀作品。但我仍然可以列出若干使我激动不已的佳作，如：北京菊儿胡同改造、清华大学图书馆、长安街电报大楼、民族文化宫、南京大屠杀纪念馆、甲午海战馆、杭州美术馆、南越王博物馆、亚运会中心、水立方运动馆、西安大唐芙蓉园、中国美院杭州象山校区、广州白天鹅宾馆、北京都一处门面等，只是举一漏十。在外国建筑师来华的作品中，我比较赞赏的有鸟巢（象征网络文化）、中央电视台大楼（提示回归大地）、上海大剧院（享受高档文化）等。我认为它们的文化含义较为深刻，其经验值得我们分析性地吸取。

给年轻建筑师的一句话

“多走，多看，多照，多画”。

我曾经统计过，自己一生中去过大约200个城镇（以逗留一晚以上者计），国内外各半。回顾起来，大约还有50～100个城镇是应去而未去的。机不可失，时不再来，只能留待来世了。

我认识一位年轻建筑师，他有机会以进修学者身份去美国一年。我就以这句话劝他。他回来时说，自己拍了上万张照片，有了一个丰富的建筑形象库。我十分赞赏，也十分羡慕。

年轻人，珍惜你生命的每一刻！

张钦楠

[1] 林文月. 谢灵运[M]. 北京: 生活・读书・新知三联书店，2013.

[2] 安东尼亚德斯. 史诗空间——探寻西方建筑的根源[M]. 刘耀辉,译. 北京:中国建筑工业出版社，2008.

[3] 赫斯特. 极简欧洲史[M]. 席玉屏, 译. 桂林：广西师范大学出版社，2011.

[4] STANEK L . Henri Lefebvre on Space [M]. Twin Cities :University of Minnesota Press，2011.

[5] 希利尔. 空间是机器——建筑组构理论[M]. 北京:中国建筑工业出版社，2008.

[6] SCHUMACHER P. The Autopoiesis of Architecture Vol2：A New Agenda for Architecture[M]. New Jersey :Wiley Blackwell, 2012.

[7] PELLI C . Buildings and Projects 1965—1990 [M]. New York :Rizzoli , 1990 .

[8] 布萨利. 东方建筑[M]. 单军,赵焱,译，北京: 中国建筑工业出版社，1999.

[9] PSARRA S. Architecture and Narrative：The Formation of Space and Cultural Meaning[M]. New York :Routledge,2009 .

[10] 诺伯格-舒尔茨. 西方建筑的意义[M]. 李路珂,欧阳恬之,译. 北京:中国建筑工业出版社，2005.

[11] 基托. 希腊人[M]. 徐卫翔,黄韬,译. 上海：上海人民出版社，1998.

[12] SUTCLIFFE A. Paris：An Architectural History[M]. New Haven：Yale University Press, 1993.

[13] JORDAN D P. Transforming Paris:The Life and Labour of Baron Hausmann[M]. Chicago: The University of Chicago. 1996.

[14] BLAU E. The Architecture of Red Vienna 1919—1934[M]. Boston: The MIT Press，2002.

[15] 侯学金，何秀兰. 解州关帝庙[M]. 太原：山西人民出版社，2002.

[16] 张正明，张舒. 晋商兴衰史[M]. 太原：山西经济出版社，2010.

[17] WEBER M . The Protestant Ethic and the Spirit of Capitalism[M]. 2th ed. London： Routledge Classics， 2001.

[18] 王先明. 晋中大院[M]. 北京: 生活・读书・新知三联书店，2002.